水文水资源科技与管理研究

曹振勇　崔守国　屈传新　著

哈尔滨出版社
HARBIN PUBLISHING HOUSE

图书在版编目（CIP）数据

水文水资源科技与管理研究 / 曹振勇，崔守国，
屈传新著. -- 哈尔滨 ：哈尔滨出版社，2023.3
ISBN 978-7-5484-7115-8

Ⅰ．①水… Ⅱ．①曹… ②崔… ③屈… Ⅲ．①水
文学②水资源管理－研究 Ⅳ．① P33 ② TV213.4

中国国家版本馆 CIP 数据核字（2023）第 049465 号

书　　名：水文水资源科技与管理研究
　　　　　SHUIWEN SHUIZIYUAN KEJI YU GUANLI YANJIU

作　　者：曹振勇　崔守国　屈传新　著
责任编辑：张艳鑫
封面设计：张　华
出版发行：哈尔滨出版社（Harbin Publishing House）
社　　址：哈尔滨市香坊区泰山路 82-9 号　邮编：150090
经　　销：全国新华书店
印　　刷：廊坊市广阳区九洲印刷厂
网　　址：www.hrbcbs.com
E - mail：hrbcbs@yeah.net
编辑版权热线：（0451）87900271　87900272
开　　本：787mm×1092mm　1/16　印张：9　字数：200 千字
版　　次：2023 年 3 月第 1 版
印　　次：2023 年 3 月第 1 次印刷
书　　号：ISBN 978-7-5484-7115-8
定　　价：76.00 元

凡购本社图书发现印装错误，请与本社印刷部联系调换。
服务热线：（0451）87900279

前　言

　　水文事业是国民经济和社会发展的基础性公益事业。水文肩负着艰巨而神圣的使命。新时期我国治水新思路的转变，给水文工作提出了更高的要求，即为解决国民经济建设和社会经济发展中的水问题提供科学决策依据，为合理开发利用和管理水资源、防治水旱灾害、保护水环境和生态建设提供全面服务。

　　水资源是生态—社会—经济系统的核心要素，是基础性自然资源和战略性经济资源。随着全球经济发展和人口迅速增长，对水资源的需求量也急剧增加，水资源问题已引发了一系列的社会经济问题。而且，水资源问题还关系到深层次的社会经济问题，如粮食安全问题。因此，水资源已成为全球可持续发展的重要基础，水资源学作为研究地球上人类可利用水资源的科学，也将在未来全球可持续发展研究中发挥越来越重要的作用。

　　水资源管理是指运用行政、法律、经济、技术和教育等手段，组织各种社会力量开发水利和防治水害，协调社会经济发展与水资源开发利用之间的关系，处理各地区、各部门之间的用水矛盾，监督、限制不合理的开发水资源和危害水源的行为，制订供水系统和水库工程的优化调度方案。

　　本书是一本关于水文水资源科技与管理研究的专著，通过对水文水资源的介绍，了解水资源现阶段的情况，以期提高人们的节约意识，保护我们的水资源。

目　录

第一章 水文与水资源研究概述

第一节 水文与水资源概述

一、水文学概述

水文学是人类在长期水事活动过程中，不断地观测、研究水文现象及其规律性而逐步形成的一门科学。它经历了由萌芽到成熟、由定性到定量、由经验到理论的发展过程。如今的水文学已是分支众多、应用广泛、理论成熟、学科前沿不断扩大、新分支学科不断兴起、表现得十分活跃的研究领域。因而及时把现今水文学的研究进展整理成一套理论体系就成了现代水文学的重任。

下面在介绍水文学研究发展过程及其面临的问题的基础上，重点介绍现代水文学的特点与框架。

（一）水文学的概念

水文学是地球科学的一个重要分支。实际上，关于水文学的定义有很多提法。尽管在表述上有所不同，但基本可以把水文学总结为"一门研究地球上各种水体的形成运动规律以及相关问题的学科体系"。毫无疑问，它研究的主要对象是自然界客观存在且人类赖以生存的"水"，水永远是影响人类社会发展的重要因素。因此，水文学在认识自然、改造世界的过程中，有着重要的意义和广阔的应用前景。水文学涉及的内容十分广泛，包括许多基础科学问题，具有自然属性，是地球科学的组成部分。因为水循环使水圈、大气圈、生物圈和岩石圈紧密联系起来，故水文学与地球科学中的其他学科，如气象学、地质学、自然地理学等密切相关。

由于水文学在形成与发展过程中，直接为人类服务，并受人类活动的影响，所以，它具有社会属性，属于应用科学的范畴。由于人类对水循环的影响作用越来越大，所以急需从变化的自然和变化的社会角度来研究水文问题，研究人类活动影响下的水文效应与水文现象。这种趋势在现代水文学上表现得日益突出。

水文学的研究开始主要集中在陆地表面的河流、湖泊、沼泽、冰川等，以后逐渐扩展到地下水、土壤水、大气水和海洋水。传统的水文学是按照研究的水体来进行划分的，主要有河流水文学、湖泊水文学、沼泽水文学、冰川水文学、海洋水文学、地下水文学、土壤水文学、大气水文学等。

根据水文学主要采用的实验研究方法，水文学又派生出三个分支学科：水文测验学、水文调查、水文实验。

根据水文学研究内容的不同，水文学又可划分为水文学原理、水文预报、水文分析与计算、水文地理学、河流动力学等分支学科。

作为应用科学，水文学又分为工程水文学（包括水文计算、水文预报等）、农业水文学、土壤水文学、森林水文学、城市水文学等。

另外，随着新理论、新技术的引进，水文学又出现了一些新的分支，如随机水文学、模糊水文学、灰色系统水文学、遥感水文学、同位素水文学等。总之，水文学是一个十分活跃的舞台。随着学科间的相互渗透、相互交叉以及新理论新技术的发展和引进，水文学中新的分支学科不断地兴起。

人类在生存和改善生活的生产实践中，特别是在与水灾、旱灾做斗争的过程中，对经常出现的水文现象进行探索，在不断认识和积累经验的基础上，汲取其他基础科学的新思想、新理论、新方法，才逐步形成水文学。可以说，水文学的发展经历了由萌芽到成熟、由定性到定量、由经验到理论的过程。

（二）水文学面临的机遇、挑战与展望

1. 水文学在理论和应用中面临的机遇与挑战

如前所述，水文学是人类在长期生产实践过程中不断总结形成的一门比较完善的科学体系。这里所说的"完善"并不是说"不用发展"了，相反，随着新技术、新理论的不断涌现和新需求的不断提出，水文学的研究表现得十分活跃。一方面，水文学不断发展和完善，促进了相关学科或领域的理论研究及应用研究。比如，水文学的发展为水资源学、资源经济学、生态水文学奠定了基础，为可持续水资源管理研究、生态环境需水研究、人类活动水文效应研究、水资源可再生性研究等重大科学问题或实践需求提供了支持。另一方面，不断增加的社会实践需求和相关科学问题理论研究需求，对现代水文学的研究提出了一种新的挑战，也促进了现代水文学的发展。比如，针对人类活动特别是高强度人类活动（如城市化建设）所引起的水问题，需要加强变化环境下的水文系统和水资源变化的研究，促进了人类活动水文效应研究和城市水文学研究。再比如，在可持续水资源管理理论及应用中，迫切需要加强水文学基础方面的研究。因为可持续水资源管理特别强调对水循环、生态系统未来变化的研究，它要求了解未来水文情势及环境的变化影响，包括全球气候变化和人类活动的影响。

归纳起来，水文学在理论和应用中面临以下机遇与挑战：

（1）不断提出的新理论迫切需要在水文学中得到检验和应用推广。一方面它们也为水文学发展提供了新的理论基础；另一方面又需要水文学家不断吸收和改进新理论，以完善水文学理论体系。这是现代水文学遇到的前所未有的机遇。比如，人工神经网络理论有助于水文非线性问题研究；分形几何理论有助于水文相似性和变异性研究；混沌理论有助于水文不确定性问题研究；灰色系统理论有助于灰色水文系统不确定性研究。这些新理论已经渗透到水文学中，促进了水文学的不断发展。这既是机遇，也是一种挑战。

（2）新技术特别是高科技的不断涌现，为水文学理论研究、实验观测、应用实践提供了新的技术手段。比如，3S 技术 [是遥感（RS）技术、地理信息系统（GIS）技术和全球定位系统（GPS）技术的统称] 可以提供快速的水文遥感观测信息，可以提供复杂信息的系统处理平台，为水文学理论研究（如水文模拟、水文预报、洪水演进）、水文信息获取与传输（如洪水信息、地表水、地下水自动监测）以及水文社会化服务（如防洪抗旱、水量调度）提供很好的技术手段。再如，同位素实验技术可以为水循环研究提供技术手段，为地下水补给、径流排泄过程分析提供支持。现代新技术的飞速发展，为水文学研究提供了许多新的技术手段，从而大大促进了水文学的发展。

（3）随着社会发展，人类活动日益加剧，引起的水问题越来越严重，受到全人类的关注程度也越来越强烈。由于解决这些水问题需要更深入的水文学知识，所以日益突出的水问题促进了水文学的发展，这是"机遇"。当然，由于面对的水问题越来越复杂，水文学研究也面临着更加严峻的"挑战"。

2. 水文学发展面临挑战的原因及前沿科学问题

水文学理论及应用研究面临挑战的原因，不外乎两方面：一是内因；二是外因。水文系统本身的复杂性（如不确定性、非线性、尺度问题）是水文学研究面临挑战的内因。观测手段和研究方法的局限性以及关键技术的限制是水文学研究面临挑战的外因。

水文不确定性问题、水文非线性问题、水文尺度问题，是研究水文系统本身复杂性的三个关键问题，也是当前水文学处在前沿的三方面科学问题。这些问题的研究对水文学的发展起着重要的推动作用。

（1）水文不确定性问题。水文系统中广泛存在着不确定性因素。正是不确定性的存在，使我们对许多水文事件（如降水、融雪），特别是极端水文事件（如洪水、干旱）的精确预测和定量分析仍然十分困难。由于水灾害发生的时间、地点和强度存在很大的不确定性，对其预测不准，常常会给人类带来灾难。假如水文系统中不存在不确定性因素，人们就会准确预测未来水文事件，就会有的放矢地应对水文事件（如洪水、干旱），及早采取措施，减少甚至消除水灾害对人类的影响。但实际上，水文系统中的不确定性问题广泛存在，再加上目前处理各种不确定性问题的研究方法还处于探索阶段，使水文不确定性问题研究成为当今水文科学研究的前沿课题之一。

（2）水文非线性问题。按照系统分析的观点，如果系统的输入与输出关系或者与内部状态变量的联系不满足线性叠加原理，这个系统就是一个非线性系统。对水循环而言，由于天然流域的下垫面十分复杂，坡面沟道交错相间，加之降雨时空变化与流域上游洪水非恒定流动的特性，所以水文过程的非线性现象比较普遍，这就促使了人们去研究水文系统的非线性问题。

水文系统中的非线性是客观存在的，其变化机理比较复杂（如流域的调蓄关系、洪水波速的变化等），它们在整体上表现为输入与输出的关系（如降雨—径流关系），不符合线性叠加原理这一特点。

关于水文系统非线性问题的研究，不少国内外水文学者都给予了高度的重视，并取得了一定的进展。然而，非线性系统固有的复杂性使它仍是目前水文学研究的前沿问题之一。

（3）水文尺度问题。水文学的研究对象包括地球水圈范围内所有尺度的水文现象及过程。从这种意义上来讲，水文学研究具有不同尺度问题。尺度问题是国际地圈生物圈计划（IGBP）核心项目之一，水循环的生物圈方面（BAHC）中的第四个重点探讨内容，也是国际上关于水文学研究的前沿性课题。原因是水文学研究范围广泛，小到水质点，大到全球气候变化与水循环模拟。水文学的物理方法，主要应用在微观尺度，而随着微观尺度向流域和全球的中观或宏观尺度扩展，原来的"理论"模型需均化和再参数化，并产生新的机理。这导致相邻尺度间的水文联系过于复杂。为了探索水文学规律，首先要认识不同尺度的水文规律或特征，然后设法找出它们之间的联系或某种新的过渡规律。只有达到后一阶段，水文科学理论或许就能真正建立在普适性的基础上。问题在于怎样认识不同尺度的水文规律，如何发现它们之间的联系，除坚持水文科学实践外，还有很重要的科学方法论问题。

水文学的理论研究与实践表明，不同时间和空间尺度的水文系统规律通常有很大的差异。一个典型的例子是微观尺度水文实验获得的"物理"参数，如土壤饱和含水率，往往不能直接应用在流域尺度的水文模拟中。反过来，宏观尺度的水文气象背景值变化也不能直接套用在时空变异性十分突出的微观水文模拟预报上。目前存在的问题是：在漫长的演变过程中，选择多大的时间尺度来研究比较合适？近代人类活动较多需要更高的时间分辨率（即时间尺度较小），那么，如何实现不同时间尺度研究成果之间的衔接？全球气候变化、区域水文特性变化如何与小单元水文模拟衔接？大尺度与小尺度研究思路、方法如何协调？诸如此类尺度问题都是人们十分关注的。

从不同空间尺度研究来看，如在模拟全球气候变化所建的模型中（如大气环流模型 GCMs）所采用的空间尺度是几百千米，甚至更大。在中尺度或更小尺度的水文系统研究中，需要的气候信息的分辨率远比这高。显然，小尺度所需的气候信息在全球气候模型中得不到满足。

再从不同时间尺度研究上来看，如以地质年代为时间尺度建立的水文系统气候变化模型，只能为较小时间尺度的气候变化模型提供一个"大背景"，无法提供所需的更详细（即高分辨率）的信息。

以上这些都是人们常说的"大尺度向小尺度的转化问题"。这种大尺度向小尺度的转化称为"顺尺度"转化（Down Scaling），其算法称为"顺尺度"算法；相反，小尺度向大尺度的转化称为"逆尺度"转化（Up Scaling），其算法称为"逆尺度"算法。

无论是"顺尺度"算法还是"逆尺度"算法都不是一件容易的事情。这正是目前广受关注的尺度问题的关键所在。现就国际上对这一问题的处理思路概括如下：

在对待"顺尺度"问题上，第一种观点认为，随着计算机的发展，计算速度和容量不断提高，可以把大尺度模型的网格尺度减小，以满足小尺度模型的衔接需要；第二种观点主张，把尺度较小的网格仅用于感兴趣的那些区域或时段，而对其他区域或时段仍采用较大尺度的网格；第三种观点主张，把那些感兴趣的区域或时段所建立的小尺度模型嵌套到较大尺度的模型中，实现不同尺度的模型混合计算。虽然这些处理会在一定程度上改善不同尺度间的复杂运算，但很难完全满足尺度问题处理的需要。

在对待"逆尺度"问题上，也并非小尺度向大尺度的简单相加，正如著名哲学家狄德洛的名言"一个活着的动物并不是许多活的器官的叠加"。随着超微观、微观、中微观尺度向中观、宏观、超宏观尺度的扩展，原来的"理论"模型需均化和再参数化，同时会产生新的机理。这就导致了不同尺度间关系的复杂性和运算的艰难性。目前，"逆尺度"计算常采用的方法是对较小尺度建立的模型进行均化和再参数化。实际上，均化和再参数化过程，就是将原系统的部分变量进行空间或时间积分，再用某个均化的特征参数代表。当然，这种方法是建立在一定的物理意义之上的。

尺度问题一直是水文学、地学、遥感学等领域的前沿科学问题，至今也未能有很好的解决方法。

3. 水文学研究展望

结合现代水文学研究面临的机遇和挑战，分析水文学发展趋势，提出以下几点展望。

（1）进一步开展水文不确定性、水文非线性和水文尺度问题的理论探索。水文不确定性、水文非线性和水文尺度问题，是解决水文系统复杂性问题的三个难点，也是目前水文学需要解决的关键问题。这些问题的研究将对水文学的发展起到重要的推动作用，但由于这些问题本身存在难以解决的属性，所以仍需要进一步加强理论探索。水文不确定性问题、水文非线性问题和水文尺度问题仍然是未来国际水文科学研究的热点问题。

（2）不断吸收新理论，促进水文学理论基础的发展。不断涌现的新理论迫切需要渗透到水文学中，在水文学中得到检验和应用推广，也需要水文学家不断吸收新理论以完善水文学理论体系，促进水文学的不断发展。

（3）及时采纳高新技术方法，提高水文学研究水平。随着科学技术的发展及其在水文学中的广泛应用，水文学得到了长足发展。比如，现代信息技术的应用，使复杂、困难的水文信息获取成为现实，使原来不能得到或需要付出很大代价才能得到的水文信息，现在成为可能或变得容易，为深入研究水文学问题提供了支持。把高新技术应用到水文学中，针对水文学特点开展应用研究。也是现代水文学研究的需要。

（4）强调水文学与其他学科的交叉研究，提高水文学理论服务于社会的水平。随着经济社会的发展和水问题的日益突出，水与社会、水与生态、水与环境之间的关系越来越复杂，要想解决自然变化和人类活动影响下的水问题必须加强水文学与生态学、环境学、社会科学的交叉研究。然而，目前关于这方面的研究还不能满足实际需要。因此，迫切需要加强与水相关的多学科交叉研究，以提高水文学理论服务于社会的水平。

（三）现代水文学的特点

从上述水文学发展历程可以看出，现代水文学是在近几十年来由于先进科学技术和理论方法的引入以及经济社会各项人类活动的深入不断丰富了水文学而形成的。与传统水文学相比，它具有以下几个特点：

1.现代水文学以新技术（计算机技术、3S技术等）应用为支撑，在宏观和微观方向得到了深入发展。在宏观上，现代水文学研究全球气候变化、人类活动影响和自然环境变化下的水循环。在微观上，现代水文学研究SVAT模型（土壤—植被—大气系统）中水分与热量的交换过程，探讨"水""四水"（大气水、地表水、土壤水及地下水）或"五水"（大气水、地表水、土壤水、地下水及植被水）的转化规律。此外，现代水文学还十分注重水文尺度问题和水资源可持续利用中水文学基础问题的研究。

2.更加注重水文信息的挖掘。先进技术的引用，使复杂、困难的水文信息获取成为现实，原来不能得到或需要付出很大代价才能得到的水文信息，现在成为可能或变得容易获取。这为深入研究水文学提供了支持。

3.开展深层次的水文科学基础研究，包括水文极值（洪水和干旱）问题的认识、预测与减灾，全球冰圈、气候和温室效应的相互作用，冰盖河流水文学，水文与大气交换作用等研究。

4.更加注重人类活动对水循环影响的研究，包括土地利用变化对径流的影响，地表水和地下水水量水质相互作用问题，城市化对地表水和地下水演化的影响，生态水文学研究。

5.对水文学上众多难点问题（如不确定性问题、非线性问题、尺度问题等）开展力所能及的研究。

6.传统的水文学多侧重于研究自然界水循环的水量方面，多采用水文现象观测、实验等手段，运用传统的数学物理方法来研究，其应用多限于洪水预报、水文水利计算等工程技术问题。但是，随着经济社会的发展，人类对水的需求不断地增大，对生活环境的质量要求也愈来愈高。自然界发生的洪水和干旱等灾害以及人类经济活动造成的水污染和生态系统破坏，对经济社会发展和人类生命财产造成的损失也愈来愈大。如何解决实际问题中出现的与水有关的各种矛盾，如何实现经济社会的可持续发展，对传统水文学的发展提出了挑战。现代水文学就需要针对这些实际问题，重点开展水资源及人类活动水文效应的研究。

总之，现代水文学有别于传统水文学，主要表现在"现代"二字上。它应该是对水文学全新的概念、思路和方法的总结。具体来说，它是以现代新技术（如计算机技术、3S技术等）应用为支撑，以现代新理论、新方法（如灰色系统理论、人工神经网络、分形几何等）为基础，以研究和解决现代出现的新问题、新要求（如水环境、人类活动影响、水资源短缺、水资源可持续利用等）为动力，对水文学基础理论及应用进行深入研究。

二、水资源概述

水是生命之源，地球上一切生命活动都起源于水。水资源是人类生产和生活不可缺少的自然资源，也是生物赖以生存的环境资源。随着人口规模与经济规模的急剧增长，水资源的需求量不断增大。同时，人类社会的高度发展对水环境造成了破坏，水资源短缺问题已成为全球性的战略问题。水资源危机的加剧和水环境质量的不断恶化，已成为未来人类可持续发展的主要限制因子之一。因此，针对水资源进行研究，掌握自然环境中水资源的运行、资源化利用、水资源消耗、污染治理及保护等基本问题是实现水资源可持续利用的关键性基础科学问题。

（一）水资源的基本内容

人类对水资源的认识经历了很长一段时间，并进行了一系列的研究。目前，学术界对水资源的定义尚未达成一致。各国学者从不同角度对水资源进行了阐述，提出了许多具有重要意义的概念，不断加深了人类对水资源内涵的理解与认识。

1. 水资源的概念

水是自然界最重要的组成部分，是人类及万物生存发展的基础。水资源可以理解为人类长期生存、生活和生产活动中所需要的各种自然水，既包括数量和质量的含义，又包括使用价值和经济价值。水资源可以定义为：地球上目前和近期可供人类直接或间接利用的水量的总称，是人类生产和生活中不可缺少的一种资源。

水资源的定义有广义和狭义之分。广义的水资源指地球上水的总体。自然界中的水以固态、液态和气态形式，存在于地球表面和地球岩石圈、大气圈和生物圈之中。因此，广义的水资源包括：地面水体，指海洋、沼泽、湖泊、冰川等；土壤水及地下水，主要存在于土壤和岩石中；生物水，存在于生物体中；气态水，存在于大气圈中。狭义的水资源指逐年可以恢复和更新的淡水量，即大陆上由大气降水补给的各种地表、地下淡水的动态量，包括河流、湖泊、地下水、土壤水等。在水资源分析与评价中，常利用河川径流量和积极参与水循环的部分地下水作为水资源量。对于某一个流域或地区而言，水资源的含义则更为具体。广义的水资源就是大气降水，主要由地表水资源、土壤水资源和地下水资源三部分组成。在一定范围内，水资源存在两种主要转化途径：一是降水形成地表径流、壤中流和地下径流并构成河川径流；二是以蒸发和散发的形式通过垂直方向回归大气。河川径流一般称为狭义水资源，主要包括地表径流、壤中流和地下径流。此外，水资源的定义是随着社会的发展而发展变化的，具有一定的时代性，并且出现了从非常广泛外延向逐渐明确内涵的方向演变的趋势。由于出发点的不同，特定的研究学科都从各个学科角度出发，提出了本学科含义以及研究对象的明确定义。

水资源由于其自身的特性，具有自然属性和社会经济属性两方面的属性。自然属性：水在自然界天然存在，受自然因素控制，是参与自然界循环与平衡的重要因子。

可利用性：水的类型多，有淡水、微咸水、中咸水、咸水、肥水；水有各种形态，如气、固、液三种形态；水有不同赋存类型，如地下水、地表水等。在自然生态环境和社会经济环境中水的用途广泛、要求不一。

数量与质量兼顾性：水在数量上要足够，在质量上要满足需要，在一定条件下是可以改变的。

时变性：水是不是水资源在很大程度上取决于经济技术条件，今天认为不能作为水资源的水随着经济技术的发展也可能成为水资源。

2. 国内水资源的不同定义

京杭大运河是世界上开凿最早、最长的运河，对沟通我国南北、促进社会经济发展发挥了巨大的推动作用，是我国古代水资源开发利用、水利工程建设的杰出代表之一。广义的水资源是指在地球的水循环中，可供生态环境和人类社会利用的淡水，它的补给来源是大气降水，它的赋存形式是地表水、地下水和土壤水。其中，把水资源对生态环境的效用也理解为水资源的价值，但是对其他要素做了较多的限定。随着社会经济的不断发展，水资源概念的内涵将不断地发展与丰富。

　水资源的概念在中国出现只是近几十年的事情，"水利资源"和"水力资源"的用法较"水资源"早。水资源定义的不断衍化过程，也表明人类在水资源方面的知识和理解是一个不断深化的过程，不同学科对水资源的认识存在学科方面的认知差异。

　可恢复和更新的淡水量，并将其详细划分为永久储量和可恢复的储量。永久储量：更替周期长，更新极为缓慢，利用消耗不能超过其恢复能力。可恢复的储量：参与全球水文循环最为活跃的动态水量，可逐年更新并可在较短时间内保持动态平衡，是人类常利用的水资源。

　在"大气科学、海洋科学、水文科学卷"中水资源的定义是"地球表层可供人类利用的水"，包括水量（质量）、水域和水能。在"水利卷"中水资源的定义为"自然界中各种形态（气态、液态或固态）的天然水"，并把可供人类利用的水作为"供评价的水资源"。在"地理卷"中水资源的定义是"地球上目前和近期可供人类直接与间接利用的水资源，是自然资源的一个重要组成部分"。随着科学技术的发展，被人类利用的水逐渐增多。

　（1）水资源含义的拓展。当今世界，随着水资源短缺程度的加剧，水资源开发利用技术的发展，人类开发利用水资源水平的提高，以及对水资源认识的不断深化，水资源含义也在不断拓展。例如，"洪水资源化""污水资源化""咸水和海水的利用和淡化""农业中的土壤水利用"，以及"人工增雨（雪）""雨水集蓄利用"等技术的发展，将进一步拓展水资源的范畴。

　（2）水资源量组成。一般我们认为"可供利用"是水资源的主要特征，而不是指地球上一切形态的水。可供利用，即水源可靠、数量足够，且可通过自然界水文循环不断更新补充，大气降水为补给来源。水资源也按照其类型可分为海洋水、地下水、土壤水、冰川水、永冻土底冰、湖泊水等。

　3. 关于"蓝水""绿水"与"虚拟水"之说

　地球上的淡水资源可分为"蓝水"和"绿水"两部分。"绿水"是分子状态的水和受分子引力约束的水，包括气态水、土壤颗粒束缚的土壤水，它们在流域水文循环中是由降水转化而来的，转化的动力主要是热力作用。"绿水"广泛供给陆生生态系统，主要供绿色植物、作物的使用，并气化为水蒸气逸散于大气。"蓝水"是重力赋存或受重力作用而流动的液态水，主要是由降水产生和补给的地表水和地下水，它们的流动与转化动力是重力作用。"蓝水"通常是水利工程容易开发的对象，人们称其为"工程水资源"。

"虚拟水"（Virtual Water）概念是指包含在世界粮食贸易中的水资源量，后来延伸到包括隐含于水密集型产品中的水资源量。目前，虚拟水被定义为生产商品和服务所需要的水资源数量。虚拟水不是真实意义上的水，而是以虚拟形式包含在产品中的看不见的水，因而也被称为嵌入水或外生水。由产品贸易引起虚拟水的转移就是虚拟水贸易，而虚拟水战略则是指贫水国家或地区通过贸易方式从富水国家或地区购买水密集型产品，从而获得水和粮食的安全。以往人们在解决水和粮食安全问题时，都习惯于在问题发生的区域范围内寻求解决方案，虚拟水战略从系统的角度出发分析与问题相关的各种影响因素，并从问题发生的范围之外找寻解决问题的应对策略。目前，虚拟水已经成为国际前沿研究领域，诸多学者针对虚拟水的内涵、估算等开展了多方面的理论和实证研究。当前许多国家也正在以虚拟水的形式解决国内水资源短缺问题。

（二）水资源学研究对象

水资源学在其"成长"过程中，研究对象主要可以归结为三个部分：水资源的形成、演化、运动机理和分布规律。它主要研究每年通过全球水文循环不断更新补充的地表水和地下水，包括大气水、降水、地表水、土壤水、地下水相互转化机理和变化以及不同流域的水资源量及其开发潜力；水资源的合理开发利用。水资源合理开发利用的核心是合理配置，研究水资源评价、水资源供需平衡，目标是使水资源的合理利用能适应社会和经济可持续发展的要求。水资源与环境、生态系统的关系。研究水资源开发利用与环境、生态系统的协调关系，环境变化中水资源的变化规律及其对策。

1. 水资源的形成、演化、运动机理和分布规律

水资源研究的主要对象是地球水资源本身。地球上包括大气层、地表和地下一切形态的水，总储量约13.86亿立方千米，其中大部分是人类不能直接利用的海洋咸水。与人类生存和发展关系密切的淡水储量仅占水总储量的2.53%，其中70%以难以利用的两极和高山冰川以及永冻土中的固态冰的形式存在。与人类社会发展息息相关的主要是通过全球陆地水循环不断更新的地表水（主要包括河川径流、淡水湖泊、沼泽等淡水资源）。它也是目前水资源学的主要研究对象，研究其自身形成、演化、运动过程及人类对其影响等，从一定意义上来讲，水文学是水资源学的一个基础。

2. 水资源的合理开发利用

水资源合理开发利用是人类可持续发展概念在水资源问题上的体现。要做到水资源合理开发利用，需注意以下几点：对水资源的开发力度必须加以限定。在当今技术条件下，人类还做不到完全按人的意志调控整个水资源系统并避免产生不良后果。因此，开发利用量一般不得超过水资源系统的补给资源量，即水循环所能提供的可再生水量。水资源的开发利用应尽可能满足社会经济发展的需要。各种开发利用方案的制订应紧密结合经济规划，不仅应与现时的需水结构、用水结构相协调，而且应为今后

的发展和需水结构、用水结构的调整保留一定的余地。此外，在整个开采规划中，既要保证宏观层次用水目标的实现，又要尽可能照顾到各低层次的局部用水权益。尽可能避免水资源开发利用所造成的各种环境问题。大规模的水资源开发利用是对天然水资源系统结构的调整，是水量、水质在空间上重新分配的过程。水资源的开发利用不仅要注意水量的科学分配、水质的保护，也要密切注意水位的变动而带来的不良环境问题。在一些环境脆弱地区，尤其要注意对水位加以控制。遵循经济最优化、技术可行的原则开发利用水资源。水资源的开发利用既要考虑供水的需要，又要考虑经济效益问题，包括水资源开发工程的投入—产出效率、水的价值，尽可能做到以最小的投入来换取最大的经济回报。

3. 水资源与环境、生态系统的关系

水资源作为全球生态系统中不可或缺的组成部分，在水环境和生态环境保护、维持生态系统正常运转等方面具有重要的作用。在对水资源进行开发利用时，要注重水资源和环境、生态系统正常需水量的协调，要在满足人类对水资源需求的前提下，做到不影响乃至改善水资源在水环境和生态系统方面的作用，尽量避免因水资源开发利用而产生的副作用。正确认识并处理水资源与环境和生态系统间的关系，协调好水环境健康与生态系统正常运转所需水资源量的关系，在水资源的开发利用过程中注重水环境、生态系统生态需水量的满足，尽可能减少水资源开发利用带来的环境及生态负效应。

综上所述，水资源学是关于水资源利用、管理配置、评价和水资源保护，并为人类社会经济可持续发展提供可持续利用水资源的一门学科，处理好水资源和社会经济发展、环境、生态系统之间的关系，以及对水资源实行科学管理和保护，也是保证水资源的可持续利用、业务开展的重要理论基础。

（三）水资源学与其他学科之间的关系

1. 水资源学与水文学

现代水文学正在不断加强和水资源学、社会学、管理学的综合协调发展，已成为研究内容、涉及领域广泛的综合学科。

水资源学作为一门人类认识水资源、开发利用水资源、保护水资源及水环境的知识体系，主要属于技术科学的范畴。水文学主要研究地球上水的形成、循环、时空分布、化学和物理性质以及水与环境的相互关系，为人类防治水旱灾害、合理开发和有效利用水资源、不断改善人类生存和发展的环境条件，提供科学依据。水资源学在发展中不断向水文学提出新的要求，水文学也在加强对水资源学服务中得到新的发展。水文学和水资源学在发展中相互促进，在更高层面上相互依存、共同发展。

（1）水文学是水资源学的基础。从水文学与水资源学的发展历史和研究内容两个方面来看，水文学是水资源学形成和发展的基础。水资源是维持人类社会存在和发展的主要资源之一，并具有以下特性：水资源是可以按照人类社会的需要提供的，或有可能提供的相应水量，但这个水量需有一定的可靠来源，且这个来源可以通过自然界水文循环不断得到更新和补充，这是保障人类社会可持续发展的一个前提；这个水量及其水质都必须能适应人类用水的要求，且无论水量或水质都是可以通过人工控制以保障其可用性的。这就是说，并非自然界中一切形态的水都可以被作为资源对待，而只有合乎上述条件的地球上的水才是作为资源的水，才是水资源。水文学恰恰是研究地球上的一切水，包括可作为资源的水的形成、存在、分布、循环、运动等变化规律的学科。研究水资源必先从水资源的水文特性开始，所以说水文学是水资源学的基础，而不是水资源学的前身。水文学和水资源学两者独立地沿着各自的途径前进，并在发展中相互促进，以求在更高层次上相互依存、共同发展。

（2）水资源学是水文学服务于人类社会的重要应用。水资源问题的日益突出，不断向水文学提出新的要求和问题，水文学为适应这种要求而不断前进。现在在水资源任务的带动下，研究水文循环全过程问题被提上了日程，就是说水文学不仅要研究水文现象的陆面过程，还要对陆面和大气界面上的水分和能量的交换问题，陆地水与海洋水的交换问题，海面和大气界面上的水分和能量的交换问题，水在大气中的运动和转化问题等进行研究。水文学不能仅侧重研究水在运动、转化中的物理过程，还要研究自然界的水作为溶剂和载体在水文循环中对水中各种化学成分的输移、合成、分解、储散的化学过程。除此之外，在地表生物圈中动植物及其他形态的生物在生长、繁殖、死亡过程中与水的相互作用，以及动植物群在陆面和大气水分及能量交换中的影响等方面，都需要特别加强水在水文循环运动中生物过程的研究。这些问题的提出，使水文学必须以一个崭新的面目出现，向全球水文学的方向前进。在这种前进中，水文学必须坚持为水资源问题服务，这也是水资源水文学比工程水文学进步的一点。

此外，由于水资源开发程度的逐步深化，许多地区已建立起水资源工程体系。有效地管理和运用建立的水资源工程体系，使其在防洪减灾和发挥水资源各种功能方面发挥经济效益，是对水文学提出的新的要求。过去为水工程规划设计服务的水文工作，要逐步过渡到主要为水工程的调度运行服务，水文站网工作也要由以积累资料为主要目的进行的定点观测，转变到把地面定点观测与遥感遥测手段结合的对水量和水质的实时监测，并利用现代化通信手段及时将实时信息传递到决策指挥机关，以更好地调度水工程体系，发挥最优效益，或把可能出现的灾害程度降到最低。

2. 水资源和水利

在中国，水利指采取各种人工措施对地表水和地下水进行控制、调节、治理、开发、管理和保护，以减轻水旱灾害。水利要通过工程措施和非工程措施发挥与利用水资源的作用。水利是已经确立的有关治水业务的综合行业，包括江河整治、防洪治涝、供水兴利、改善人类生存环境等基础工作、前期工作、工程技术、科学管理等方面的全部过程，内容涉及水文学、地质学、地理学、气象学、水力学、材料力学、工程力学、管理科学，以及水工程的勘测、设计、管理运行和水资源保护等方面的业务工作和科学研究。根据中国现行管理体制，水的利用方面，如水利、水电、水产和水运等分属不同部门，不能把一切用水业务都包罗在水利行业范围内，但在水利业务中却需要抓住包括一切利用水的目标在内的水资源综合利用和整治规划，以及水资源的统一管理这两个基本环节，作为综合水利工作的支撑。由此可见，在已经确定水利事业的情况下，水资源业务应是水利综合业务的组成部分，而不是在两者间画等号。水资源工作是以对水资源的综合评价、合理规划、统筹分配、科学调度以及保护水源和水环境等环节为主体，以达到有效并能持续开发利用水资源等目标而进行的。

从中国的实践中可以看出，水利是有关水业务的综合行业。水资源业务多属于水利工作中的前期工作和后期的管理工作，而较少涉及水利建设中有关建筑物本身的工程技术问题，多涉及水利工作中的"软件"。水资源评价、供需分析、规划等带有基础性质，而对水资源的管理和不同地区间和各用户间的供水分配，又具有上层建筑性质。水资源管理在我国的实践中又不同于水利管理。一方面，水利管理比水资源管理的内容要广，除了防洪治涝等减灾任务的管理外，还包括水资源的调度、分配等功能的管理，以及水利工程和水利体制的管理。在这种情况下水资源管理是水利管理的组成部分。另一方面，由于在中国水的利用分属不同部门，简单用水利管理的名义统管各个方面，也是很难行得通的。但用水资源统一管理的名义则是名正言顺的。同时，水利部门自身的业务范围和其他部门一起，在同一水平上受到水资源统一管理原则的制约。因此，水资源工作在很多方面已经突破了传统水利工作的范畴，从而形成水利事业中一个后起的分支。

3. 水资源学与社会科学的联系

水资源学不仅研究水资源的自然属性，还研究水资源的社会属性，水资源学中应用了大量的社会科学内容。社会经济发展也与水资源开发利用有着密切的关系，社会经济的发展不仅需要有水资源作支撑，而且还对水资源系统产生了巨大的压力，社会经济的发展已引发了一系列的水问题、水灾害。人类社会经济活动已成为影响水系统演化的主导力量，现有模型还不能将其很好地反映出来。目前，大气环流模型与陆面流域水文模型结合的陆气耦合模型是研究气候变化的水文水资源效应的有效方法之一，但对社会经济因素影响作用的体现存在不足。因此，加强水资源学与社会科学之间的综合研究，建立融合社会经济发展过程及其社会水循环系统，基于气候变化—水资源—

社会经济—生态耦合框架的复合水文模型揭示各主要影响因素的综合作用机制是解决水资源可持续利用与社会经济可持续协调发展的基础性途径之一。

第二节 水文与水资源的特征与研究方法

一、水文与水资源的特征

1. 时程变化的必然性和偶然性

水文与水资源的基本规律是指水资源（包括大气水、地表水和地下水）在某一时段内的状况，它的形成具有客观原因，是一定条件下的必然现象。但是，从人们的认识能力来讲，和许多自然现象一样，由于影响因素的复杂，人们对水文与水资源发生多种变化的前因后果的认识并非十分清楚。因此，常把这些变化中人类能够做出解释或预测的部分称为必然性。例如，河流每年的洪水期和枯水期，年际丰水年和枯水年；地下水位的变化也具有类似的现象。由于这种必然性在时间上具有年的、月的甚至日的变化，故又称为周期性，例如年的、月的或季节性周期等。将那些人类还不能做出解释或难以预测的部分，称为水文现象或水资源的偶然性的反映。任一河流不同年份的流量过程不会完全一致；地下水位在不同年份的变化也不尽相同，泉水流量的变化有一定差异。这种反映也可称为随机性，其规律要由大量的统计资料或长系列观测数据分析得出。

2. 地区变化的相似性和特殊性

相似性主要指气候及地理条件相似的流域，其水文与水资源现象也具有一定的相似性，如湿润地区河流径流的年内分布较均匀，干旱地区则差异较大；在水资源形成、分布特征方面也具有这种规律。

特殊性是指不同下垫面条件产生不同的水文和水资源的变化规律。例如，同一气候区，山区河流与平原河流的洪水变化特点不同；同为半干旱条件下，河谷阶地和黄土原区地下水赋存规律不同。

3. 水资源的循环性、有限性及分布的不均一性

水是自然界的重要组成物质，是环境中最活跃的一个要素。它不停地运动且积极参与自然环境中一系列物理的、化学的和生物的运动过程。

水资源与其他固体资源的本质区别在于其具有流动性，它是在水循环中形成的一种动态资源，具有循环性。水循环系统也是一个庞大的自然水资源系统，水资源在开采利用后，能够得到大气降水的补给，处在不断地开采、补给和消耗、恢复的循环之中，

可以不断地供给人类利用和满足生态平衡的需要。

在不断消耗和补充的过程中，从某种意义上说水资源具有"取之不尽"的特点，恢复性强。可实际上全球淡水资源的蓄存量是十分有限的。全球的淡水资源仅约占全球总水量的 2.5%，且淡水资源大部分储存在极地冰帽和冰川中，真正能够被人类直接利用的淡水资源仅占全球总水量的 0.796%。从水量动态平衡的观点来看，某一期间的水量消耗量要接近该期间的水量补给量，否则将会破坏水平衡，造成一系列环境问题。可见，水循环过程是无限的，水资源的蓄存量是有限的，并非取之不尽，用之不竭。

水资源在自然界中也具有一定的时间和空间分布。时空分布的不均匀是水资源的又一特性。

我国水资源在区域上分布不均匀。总的说来，东南多，西北少；沿海多，内陆少；山区多，平原少。在同一地区中，不同时间水资源分布差异性也很大，一般夏多冬少。

4. 利用的多样性和双重性

水资源是被人类在生产和生活活动中广泛利用的资源，不仅广泛应用于农业、工业和生活中，还用于发电、水运、水产、旅游和环境改造等领域。在各种不同的用途中，有的是消耗用水，有的则是非消耗或消耗很少的用水，而且对水质的要求各不相同。

此外，水资源与其他矿产资源相比最大的区别是：水资源具有既可造福于人类，又可危害人类生存的两重性。

水资源质、量适宜，且时空分布均匀，将为区域经济发展、自然环境的良性循环和人类社会进步做出巨大贡献。水资源开发利用不当，又会制约国民经济发展，破坏人类的生存环境。例如，水利工程设计不当、管理不善，可造成垮坝事故，也可引起土壤次生盐碱化。水量过多或过少的季节和地区，往往又会产生各种各样的自然灾害。水量过多容易造成洪水泛滥，内涝渍水；水量过少容易形成干旱、盐渍化等自然灾害。适量开采地下水，可为国民经济各部门和居民生活提供水源，满足生产、生活的需求。无节制、不合理地抽取地下水，往往会引起水位持续下降、水质恶化、水量减少、地面沉降等问题，不仅影响生产发展，而且严重威胁人类生存。正是由于水资源利害的双重性质，在水资源的开发利用过程中才要尤其强调合理利用、有序开发，以达到兴利除害的目的。

二、水文与水资源学的研究方法

水文现象的研究方法较多，在这些方法的基础上，随着水资源研究的不断深入，要求利用现代化理论和方法识别、模拟水资源系统，规划和管理水资源，保证水资源的合理开发、有效利用，实现优化管理、可持续利用。为此，经过近几十年多学科的共同努力，水资源利用和管理的理论和方法取得了明显进展。

1. 水资源模拟与模型化

随着计算机技术的迅速发展以及信息论和系统工程理论在水资源系统研究中的广泛应用，水资源系统的状态与运行模型模拟已成为重要的研究工具。各类确定性、非确定性、综合性的水资源评价和科学管理数学模型的建立与完善，使水资源的信息系统分析、供水工程优化调度、水资源系统的优化管理与规划成为可能。

2. 水资源系统分析

水资源动态变化的多样性和随机性，水资源工程的多目标性和多任务性，河川径流和地下水的相互转化，水质和水量相互联系的密切性，以及水需求的可行方案必须适应国民经济和社会的发展，它涉及自然、社会、人文、经济等各个方面。因此，在对水资源系统进行分析的过程中要注重系统分析的整体性和系统性。研究者应用线性规划、动态规划、系统分析的理论力图寻求目标方程的优化解。总的来说，水资源系统分析正向着分层次、多目标的方向发展与完善。

3. 水资源信息管理系统

为了适应水资源系统管理的需要，目前已初步建立了水资源管理系统，主要涉及信息查询系统、数据和图形库系统、水资源状况评价系统、水资源管理与优化调度系统等。水资源信息管理系统的建立和运行，提高了水资源研究的层次和水平，从而加速了水资源合理开发利用和科学管理的进程。水资源信息管理系统已经成为水资源研究与管理的重要技术支柱。

4. 水环境研究

人类大规模的经济和社会活动对环境和生态的变化产生了极为深远的影响。环境、生态的变异又反过来引起了自然界水资源的变化，部分或全部改变了原来水资源的变化规律。人们通过对水资源变化规律的研究，寻找这种变化规律与社会发展和经济建设之间的内在关系，以便能有效地利用水资源，使环境质量向着有利于人类当今和长远利益的方向发展。

第三节　我国水资源概况及特征分析

一、我国水资源基本国情

我国地域辽阔，国土面积约 960 万平方千米，由于处于季风气候区域，受热带、太平洋低纬度上空温暖而潮湿气团的影响以及西南的印度洋和东北的鄂霍次克海的水蒸气的影响，东南地区、西南地区以及东北地区可获得充足的降水量，也使我国成为世界上水资源相对丰富的国家之一。

世界人均占有年径流量最高的国家是加拿大，人均占有年径流量高达 14.93 万立方米 / 人，约是我国人均占有年径流量的 64 倍。我国在每公顷平均所占有径流量方面不及巴西、加拿大、印度尼西亚和日本。

从表面上来看，我国河川总径流量相对丰富，属于丰水国，但我国人口和耕地面积基数大，人均和每公顷平均径流量相对要小得多，居世界 80 位之后。由于我国地表水和地下水之间相互转化，扣除重复部分，按人均与每公顷平均水资源量进行比较，我国仍为淡水资源贫乏的国家之一。这是我国水资源的基本国情。

二、我国水资源的特征

（一）水资源空间分布特征

1.降水、河流分布的不均匀性

我国水资源空间分布的特征主要表现为：降水和河川径流的地区分布不均，水土资源组合很不平衡。一个地区水资源的丰富程度主要取决于降水量的多寡。根据降水量空间的丰度和径流深度可将全国地域分为 5 个不同水量级的径流地带。径流地带的分布受降水、地形、植被、土壤和地质等多种因素的影响，其中降水影响是主要的。由此可见，我国东南部属丰水带和多水带，西北部属少水带和缺水带，中间部分及东北地区则属过渡带。

2.地下水天然资源分布的不均匀性

作为水资源的重要组成部分，地下水资源的分布受地形及其主要补给来源降水量的制约。我国是一个地域辽阔、地形复杂、多山分布的国家，山区（包括山地、高原和丘陵）约占全国面积的 69%，平原和盆地约占 31%。地形特点是西高东低，定向山脉纵横交织，构成了我国地形的基本骨架。北方分布的大型平原和盆地成为地下水储存的良好场所。东西向排列的昆仑山—秦岭山脉，成为我国南北方的分界线，对地下水天然资源量的区域分布产生了重大的影响。

另外，年降水量由东南向西北递减所造成的东部地区湿润多雨、西北部地区干旱少雨的降水分布特征，对地下水资源的分布起到了重要的控制作用。地形、降水上分布的差异性使我国不仅地表水资源表现为南多北少的局面，而且地下水资源仍具有南方丰富、北方贫乏的空间分布的特征。

地下水埋藏在地面以下的介质中，因而按照含水介质类型，我国地下水可分为孔隙水、岩溶水及裂隙水三大类型，所占比例分别为 27%、25% 及 48%。由于沉积环境和地质条件的不同，各地不同类型的地下水所占的份额变化较大。孔隙水资源量主要分布在北方，占全国孔隙水天然资源量的 65%。尤其在华北地区，孔隙水天然资源量占全国孔隙水天然资源量的 24% 以上，占该地区地下水天然资源量的 50% 以上，而南方的孔隙水仅占全国孔隙水天然资源量的 35%，不足该地区地下水天然资源量的 1/8。

我国碳酸盐岩出露面积约 125 万平方千米，约占全国总面积的 13%。加上隐伏碳酸盐岩，总的分布面积可达 200 万平方千米。碳酸盐岩主要分布在我国南方地区，北方太行山区、晋西北、鲁中及辽宁省等地区也有分布，其面积占全国岩溶分布面积的 1/8。

我国碳酸盐类岩溶水资源主要分布在南方，南方碳酸盐类岩溶水天然资源量约占全国碳酸盐类岩溶水天然资源量的 89%，特别是西南地区，碳酸盐类岩溶水天然资源量约占全国碳酸盐类岩溶水天然资源量的 63%。北方碳酸盐类岩溶水天然资源量占全国碳酸盐类岩溶水天然资源量的 11%。

我国山区面积约占全国碳酸盐类面积的 2/3，在山区广泛分布着碎屑岩、岩浆岩和变质岩类裂隙水。基岩裂隙水中以碎屑岩和玄武岩中的地下水相对较丰富，富水地段的地下水对解决人畜用水具有着重要意义。我国基岩裂隙水主要分布在南方，其基岩裂隙水天然资源量约占全国基岩裂隙水天然资源量的 73%。

我国地下水资源量的分布特点是南方高于北方，地下水资源的丰富程度由东南向西北逐渐减少。另外，由于我国各地区之间社会经济发达程度不一，各地人口密集程度、耕地发展情况均不相同，所以，不同地区人均、单位耕地面积所占有的地下水资源量具有较大的差别。

我国社会经济发展的特点主要表现为：东南、中南及华北地区人口密集，占全国总人口的 65%，耕地多，占全国耕地总数的 56% 以上；东南及中南地区，面积仅为全国的 13.4%，却集中了全国 39.1% 的人口，拥有全国 25.5% 的耕地，为我国最发达的经济区；西南和东北地区的经济发达程度次于东南、中南及华北地区；西北经济发达程度相对较低，人口稀少，面积较大，约占全国面积的 1/3，其人口、耕地分别只占全国的 6.9% 和 12%。

我国地下水天然资源及人口、耕地的分布，决定了全国各地区人均和每公顷耕地平均地下水天然资源量的分配。地下水天然资源占有量分布的总体特点：华北、东北地区占有量最小，人均地下水天然资源量分别为 351 立方米和 545 立方米，平均每公顷地下水天然资源量分别为 3420 立方米和 3285 立方米；东南及中南地区地下水总占有量仅高于华北、东北地区，人均占有地下水天然资源量为全国平均水平的 73%；地下水天然资源占有量最高的是西南和西北地区，西南地区的人均占有地下水天然资源量约为全国平均水平的 2 倍，平均每公顷地下水天然资源量为全国平均水平的 2.7 倍。

北方耕地面积占全国总耕地面积的60%，而地下水每公顷耕地平均占有量不足南方的1/2，人均占有量也大大低于南方。

（二）水资源时间分布特征

我国的水资源不仅在地域上分布很不均匀，而且在时间分配上也很不均匀，无论年际或年内分配都是如此。时间分布不均匀的主要原因是受我国区域气候的影响。

我国大部分地区受季风影响明显，降水年内分配不均匀，年际变化大，枯水年和丰水年连续发生。许多河流发生过3~8年的连丰、连枯期。我国最大年降水量与最小年降水量之间相差悬殊。南部地区最大年降水一般是最小年降水量的2~4倍，北部地区则达3~6倍。

降水量的年内分配也很不均匀，由于季风气候，我国长江以南地区由南往北雨季为每年的3—6月至4—7月，降水量占全年的50%~60%。长江以北地区雨季为每年的6—9月，降水量占全年的70%~80%。据统计，北京市每年6—9月的降水量占全年总降水量的80%，而欧洲国家全年的降水量变化不大。这进一步反映出和欧洲国家相比，我国降水量年内分配的极不均匀性以及水资源合理开发利用的难度，充分说明了我国地表水和地下水资源统一管理、联合调度的重要性和迫切性。

正是水资源在地域上和时间上分配的不均匀造成一些地方或某一段时间内水资源富余，而另一些地方或另一段时间内水资源贫乏。因此，在水资源开发利用、管理与规划中，水资源时空的再分配也将成为克服我国水资源分布不均和灾害频繁状况以实现水资源最大限度有效利用的关键内容之一。

第四节　水文学与水资源学的研究方法及发展现状

一、水文学的研究方法

1. 成因分析法

由于水文现象与其影响因素之间存在确定性关系，所以，可通过对观测资料和实验资料的分析研究，建立某一水文现象与其影响因素之间的定量关系。这样，就可以根据当前影响因素的状况，预测未来的水文现象。这种利用水文现象的确定性规律来解决水文问题的方法，称为成因分析法。这种方法能求出比较确切的成果，在水文现象基本分析和水文预报中，得到了广泛应用。

2. 数理统计法

根据水文现象的随机性规律，以概率理论为基础，运用数理统计方法，可以求得长期水文特征值的概率分布，从而得出工程规划设计所需要的设计水文特征值。水文计算的主要任务就是预估某些水文特征值的概率分布。因此，数理统计法是水文计算的主要方法。

3. 地理综合法

根据气候要素及其他地理要素的地区性规律，我们可以按地区研究受其影响的某些水文特征值的地区分布规律。这些研究成果可以用等值线图或地区经验公式表示（如多年平均年径流量等值线图，洪水地区经验公式等）。利用这些等值线图或经验公式，可以求出观测资料短缺地区的水文特征值，这就是地理综合法。

上述三种研究方法，在实际工作中常常被同时应用，它们是相辅相成、互为补充的。

二、水文学与水资源学的发展现状

1. 水文学的发展现状

为了战胜洪水灾害，人类很早就注意对水文现象的观测和研究，不断积累水文知识，早在 4000 多年前，大禹治水时就根据"水性就下"的规律疏导洪水。但是，水文发展成为一个学科是在 19 世纪的欧洲，主要标志是近代水文仪器的发明，它使水文观测进入了科学的定量观测阶段，并逐渐形成近代水文学理论。

（1）现代化工业和农业的发展增加了对水资源的需求，同时，也造成了水源污染，加剧了水资源的供需矛盾。水文科学的研究领域正在向水资源最优开发利用的方向发展，以期为客观评价、合理开发利用和保护水资源提供水文信息和依据。

（2）现代科学技术的发展使获取水文信息的手段和水文分析方法有了长足的进步。例如，遥感技术和电子计算机的应用，使从水文观测到基本规律的研究已发展成以电子计算机为核心的自动化。另外，水文模拟方法和水文系统分析方法使人们研究水文现象的能力提高到了一个新的水平。

（3）科学技术的进步以及大规模的人类活动对自然界水体，尤其是对自然环境产生的多方面影响，促使水文学向新的研究领域发展。例如，在随机数学理论基础上逐步形成的随机水文学；又如水文科学和环境科学的交叉学科——环境水文学、城市水文学等正在孕育形成。

2. 水资源学的发展现状

随着水资源问题的日益突出，人们探索水资源规律和解决水资源问题的紧迫性不断增加，再加上人类认识水平的不断提高和科学技术的飞速发展，人们对水资源问题的认识不断深化，极大地带动了水资源学的发展和学科体系的完善。

（1）对于水资源，人们从"取之不尽，用之不竭"的片面认识，逐步转变为科学的认识，逐步认识到"水资源开发利用必须与经济社会发展和生态系统保护相协调，走可持续发展的道路"，要从水资源形成、转化和运动的规律角度来系统分析和看待水资源变化的规律和出现的水资源问题，为人们解决日益严重的水资源问题奠定了基础。这是水资源学发展的重要认识论方面的一个进展。

（2）随着实验条件的改善和观测技术的发展，人们对水资源形成、转化和运动的实验手段和观测水平得到极大提高，促进了人们对水资源规律的认识和定量化研究水平的提高。通过实验分析，人们不仅掌握了水资源在数量上的变化，还可以定量分析水资源质量状况以及水与生态系统的相互作用关系。近几十年来，人们做了大量的实验研究，极大地丰富了水资源学的理论和应用研究内容。这是水资源学发展的重要实验进展。

（3）现代数学理论、系统理论的发展为水资源学提供了量化研究和解决复杂水资源问题的重要手段。随着经济社会的发展，原本复杂的水资源系统经过人类的改造作用后变得更加复杂。复杂的水资源系统，既要面对水资源短缺、洪涝灾害、水环境污染等问题，又要满足生活、工业、农业、生态等多种类型的用水需求，所以，必须借用现代数学理论、系统理论的方法。近几十年来，现代数学理论、系统理论的不断引入，极大地丰富了水资源学的理论方法和研究手段。这是水资源学发展的重要理论方法的进展。

（4）现代计算机技术的发展使复杂的数学模型可以求得数值解，复杂的水资源系统可以寻找到解决问题的途径和对策，可以多方案快速进行对比分析，可以建立复杂的定量化模型，可以实时进行分析、计算和实施水资源调度。这些方法和手段既丰富了水资源学的内容，也促进了水资源学服务于社会的应用推广。这是水资源学发展的重要技术方法的进展。

（5）以可持续发展为理论指导，促进现代水资源规划与管理的发展。传统的水资源规划与管理主要注重经济效益、技术可行性和实施的可靠性。近几十年以来，水资源规划与管理在观念上发生了很大变化，包括从单一性向系统性转变，从单纯追求经济效益向追求社会—经济—环境综合效益转变，从只重视当前发展向可持续发展进行转变。

第二章 节水理论及实践

水是生命之源，水是人类的渴望，水是关系国家安全的重大战略问题。因为缺水，多少沃野绿洲变成荒凉的戈壁，我们的先人不得不无数次背井离乡。所以，我们必须喊响"节水光荣，浪费可耻"这个口号，去唤醒人们的觉悟。应该说，自然因素造成的水资源不足状况我们无法在整体上改变，但是人为因素加剧的缺水状况则可通过努力使之缓解。这个努力，就是大力提倡节水和治污。这是我们在改变缺水状况的努力中能够做到也必须做到的事情。节约用水，要从我做起，从每一个用水人做起。基于此，本章将对节水相关内容进行介绍。

第一节 节水潜力究竟有多大

随着城市化进程的加快，我国许多城市均存在不同程度的水资源短缺现象。城市日益严重的水资源短缺和水环境污染问题已经成为制约社会经济发展的主要因素。解决水资源供需矛盾的重要途径就是合理开发和利用水资源，开源节流，探索各种节水方法，让有限的水资源获得最大的利用效率，实现水资源利用与环境、社会经济的可持续发展。

一、节约用水的内涵

"节约用水"（Water Conservation）从英文字面意义上看具有"水资源保护、守恒与节约"含义。

我国对于"节约用水"的内涵具有多种不同的解释。在合理的生产力布局与生产组织前提下，为最佳实现一定的社会经济目标和社会经济的可持续发展，采用一系列措施，对有限的水资源进行合理分配与可持续利用（其中也包括节省用水量）。

根据对已有的"节约用水"内涵的分析，认为"节约用水"重要的是要强调如何有效利用有限的水资源，实现区域水资源的平衡。其前提是基于地域性经济、技术和社会的发展状况。如果脱离这个前提则很难采取经济、有效的措施，保证"节约用水"

的实施。"节约用水"的关键在于根据有关的水资源保护法律法规，通过广泛的宣传教育，增强全民的节水意识。引入多种节水技术与措施、采用有效的节水器具与设备，降低生产或是生活过程中水资源的使用量，达到环境、生态、经济效益的统一与可持续发展的目标。

综上所述，"节约用水"可定义为：基于经济、社会、环境与技术发展水平，通过法律法规、管理、技术与教育手段，以及改善供水系统，减少需水量，提高用水效率，降低水的损失与浪费，合理增加水的可利用量，实现水资源的有效利用，以达到环境、生态、经济效益的统一与可持续发展。

节约用水不是简单消极的少用水概念，其含义已经超出节省水量概念，它包括水资源的保护、控制和开发，保证可获得最大水量并加以合理利用、精心管理和文明使用自然资源的意义。按行业划分，节水可分为生活节水、工业节水、农业节水等。节水途径包括节约用水、杜绝浪费、提高水的利用率和开辟新水源等。

二、我国节约用水现状与潜力分析

节约用水作为解决水资源短缺，保证国民经济可持续发展的重要举措，长期以来受到各国的广泛关注，在节约用水的法律法规建设、节水理论与技术研究、节水设备的研发方面，各国都做了大量的工作，取得了重要的成果。目前我国的水资源节水潜力主要是生活节水、工业节水和农业节水三个方面。

（一）城市生活节水现状与节水潜力

随着社会的进步，生活用水量在逐渐提高。城市生活节水已势在必行。

城市生活节水指因地制宜地采取有效措施，推广节水型生活器具，降低管网漏损率；杜绝浪费，提高生活用水效率。目前，普通器具耗水量大，浪费严重，节水器具普及率低，海水淡化、再生水处理回用率低。我国近三分之二的城市存在不同程度的缺水，有110座城市严重缺水。

城镇生活用水包括城镇居民生活用水和市政公共用水。我国城镇供水管网中的"跑、冒、滴、漏"现象严重。其中每年因城镇供水管网漏损浪费的水量最大。按照我国相关规定管网漏损率应控制在12%左右。目前全国有一半以上的城市供水管网漏损率高于国家标准规定值，年漏损水量达 $60 \times 10^8 \text{m}^3$。

生活节水器具的使用可以节约用水。节水器具包括节水便器、节水淋浴器和节水龙头等。与普通用水器具相比，节水便器及节水淋浴器可节水 20%~35%，节水龙头可以节水 10%。

据有关部门分析预测，如采取节水措施，强化推行节水卫生器具，尤其是在洗车行、浴场、市政公共用水等大型场所中配合节水器具设备使用，合理利用雨水和再生水资源，同时辅以水价调控，发挥经济杠杆作用，有望在现有基础上节约城市生活用水量的 1/3~1/2。

（二）我国工业节水现状与节水潜力

工业用水主要包括冷却用水、热力和工艺用水、洗涤用水、锅炉用水、空调用水等。工业节水指采用先进技术、工艺设备，降低单位产品耗水量，增加循环用水次数，提高水的重复利用率，提高工业用水效率。工业节水是城市节水的重点。

但是与发达国家相比仍旧存在很大差距。我国浪费水的现象依然存在，就工业产品单位耗水量而言，我国与国外先进指标差距很大。以用水量较多的冶金工业为例，国外每吨钢耗水量的先进指标为 4~10 m³，而一般国内钢铁企业要比先进的国外指标高出 2~5 倍。国外先进大电厂耗水指标每度电为 3 L，而我国大电厂耗水一般要高出 2~3 倍。我国生产 1 t 啤酒一般耗水 20~60 m³，而国外先进水平低于 10 m³。因此，我国的工业节水潜力还有很大空间。

（三）我国农业节水现状与节水潜力

农业节水指采用节水灌溉方式和节水技术对农业蓄水、输水工程采取必要的措施进行防渗漏，对农田进行必要的整理，提高农业用水效率。

农业用水主要是指种植业灌溉、林业、牧业、渔业以及农村饮水等方面的用水，其中种植业灌溉占农业用水量的 90% 以上。我国农业灌溉方法落后、用水量大，浪费严重。近年来，通过节水灌溉工程建设，我国灌溉水利用率得到提升。通过节水工程、措施、管理措施以及农艺措施，全国形成了约 $30 \times 10^8 \, m^3$ 的年节水能力，有效缓解了全国水资源的供需矛盾。输水损失是农业灌溉用水损失中的主要部分，绝大部分消耗于渠系渗漏。美国输水损失约占引水量的 22%，日本占 39%，而我国引黄地区平均输水损失高达 67%。

尽管我国农业用水所占比重近年来明显下降，但农业仍是我国第一用水大户。我国的节水灌溉面积约占总灌溉面积的 35%，土渠占 95% 以上，全国 2/3 的灌溉面积上灌溉方法十分粗放，灌溉水利用率低，浪费了大量水资源。因此，推广农业科学灌溉和节水技术是当前我国农业节水的潜力所在。

第二节 工业节水

工业用水指工、矿企业的各部门，在工业生产过程中（或期间），制造、加工冷却、空调、洗涤、锅炉等处使用的水及厂内职工生活用水的总称。工业用水是水资源利用的一个重要组成部分，由于工业用水组成十分复杂，工业用水的多少受到工业类别、生产方式、用水工艺和水平以及工业化水平等因素的影响。

一、工业用水的分类及特点

工业用水是城市用水的一个重要组成部分。在城市用水中，工业用水占比重较大，用水集中。工业生产虽然大量用水，但也排放大量的工业废水。因此，工业用水问题已引起各国的普遍重视，也是许多国家十分重视的研究课题。

（一）工业用水的分类

现代工业用水系统庞大，用水环节多，工矿企业不但需要大量用水，而且对供水水源的水压、水质、水温等有一定的要求。

1. 按用水的作用分类

按用水的作用分类可分为生产用水、生活用水。生产用水又分为冷却水、工艺用水、锅炉用水。

2. 按工业需水过程分类

按工业需水过程分类可以分为总用水、取用水（或称补充水）、排放水、重复用水等。

（二）我国工业用水的特点

我国工业用水主要表现出两大特点。

1. 需求增长，加重水资源的短缺

我国工业取水量占总取水量的1/4左右，其中高用水行业取水量占工业总取水量60%左右。随着工业化、城镇化进程的加快发展，工业用水量还将继续增长，水资源供需矛盾将更加突出。

2. 水平区域差异明显

各区域工业用水水平差异明显。东部地区用水水平和效率明显高于中部和西部地区，中部、西部地区存在较大的节水潜力。

二、工业节水途径

城市的建设离不开工业用水，保证对工业供水才能加快企业的发展。为了保证工业的需水，最主要的方案就是进行有效途径的"开源节流"。在目前我国城市水资源严重短缺的形势下，解决好"节流"，即有效地开展工业节水工作，不仅能够保证企业正常的生产用水，而且可以减少城市水资源的开发，并能够有效地减少工业废水的排放量，减轻废水对环境的污染，因此它是维持城市可持续发展的重要途径。在一般情况下，工业生产的节水途径主要有以下几方面。

1. 调整工业结构

本身耗水量较大的新建项目应充分论证与当地水资源及可供水量的协调关系；已建的项目要根据可供水量调整结构；水资源特别紧张的地方有必要对工业结构做调整，尽量向耗水量小的方向发展，以缓解供需矛盾。

2. 调整工业布局

依据原材料、燃料等资源的分布，同时考虑水资源的分布状况，就水建厂。

3. 提高水的复用率

一水多用和循环利用。

4. 废水利用

废水资源化或说废水再生利用，有水量、水质稳定，不受季节气候影响，就地可取，保证率高等优点。可以解决水资源短缺，且有利于环境保护。目前废水处理后多用于补充冷却用水。

5. 海水利用

工业生产中大量冷却用水都可以使用海水。但某些场合还须对海水进行淡化，可采取一定措施实现综合利用，例如将海水淡化与盐场、碱厂的建设结合。

6. 加强用水行政管理，实现节水的法治化

设立专门的行政节水管理机构，建立必要的用水管理制度，以便于用水（节水）考核和进行必要的奖惩。

三、其他

（一）海水淡化

发展海水（和苦咸水）淡化技术，向大海"要"淡水已经成为当今世界各国的共识。我国海岸线长，而且沿海和中西部地区拥有极为丰富的地下苦咸水资源（和海水

类似）。海水淡化是当今世界竞相研究的高新技术，而且在有些国家已经形成海水淡化产业。海水淡化，也称海水脱盐。海水淡化的方法有蒸馏法、膜法以及海水冷冻法等。

1.蒸馏法

蒸馏法的基本原理就是加热海水，使水蒸发与海水中盐分离，再使水蒸气冷却成淡水。蒸馏法依据所用能源、设备及流程的不同，分为多级闪蒸、低温多效蒸馏和蒸汽压缩蒸馏等，其中以多级闪蒸工艺为主。目前，蒸馏法在中东各国应用较多，欧美各国则大多采用膜法。

2.膜法

膜法主要是指利用半透膜，在压力下允许水透过半透膜而使盐和杂质截留的技术。半透膜就像一个筛孔，在海水通过时只有体积小的水分子可以穿过，而体积较大的盐分就不能通过。

3.海水冷冻法

海水冷冻法是在低温条件下将海水中的水分冻结为冰晶并与浓缩海水分离而获得淡水的一种海水淡化技术。

海水冷冻法原理是利用海水三相点平衡原理，即海水汽、液、固三相共存并达到平衡的一个特殊点。若改变压力或温度偏离海水的三相平衡点，平衡被破坏，三相会自动趋于一相或两相。

真空冷冻法海水淡化技术是利用海水的三相点原理，以海水自身为制冷剂，使海水同时蒸发与结冰，冰晶再经分离、洗涤而得到淡化水的一种低成本的淡化方法。真空海水冷冻淡化工艺包括脱气、预冷、蒸发结晶、冰晶洗涤、蒸汽冷凝等步骤。

海水冷冻淡化法腐蚀结垢轻，预处理简单，设备投资小，并能够处理高含盐量的海水，是一种较理想的海水淡化技术。海水淡化法工艺的温度和压力是影响海水蒸发与结冰速率的主要因素。海水冷冻法在淡化水过程中需要消耗较多能源，获取的淡水味道不佳，该方法在技术上还存在一些问题，影响到其使用和推广。

（二）雨水利用

雨水利用是水资源综合利用中的一项新的系统工程，具有良好的节水效能和环境生态效应。通过合理的规划和设计，采取相应的工程措施开展雨水利用，既可以缓解城市水资源的供需矛盾，又可减少城市雨洪灾害。

1.雨水利用的内容及意义

雨水利用综合考虑雨水径流污染控制、城市防洪以及生态环境的改善等要求，建立包括屋面雨水集蓄系统、雨水截污与渗透系统以及生态小区雨水利用系统等。将雨水用作喷洒路面、灌溉绿地、蓄水冲厕等城市杂用水的雨水收集利用技术，是城市水资源可持续利用的重要措施之一。

雨水利用实际上就是雨水入渗、收集回用、调蓄排放等的总称。入渗利用，增加土壤含水量，有时又称间接利用；收集后净化回用，替代自来水，有时又称直接利用；先蓄存后排放，单纯消减雨水高峰流量。

2. 雨水利用的意义

（1）有效节约水资源，缓解用水供需矛盾。

（2）通过建立完整的雨水利用系统（即由调蓄水池、坑塘、湿地、绿色水道和下渗系统共同构成），有效削减雨水径流的高峰流量，提高已有排水管道的可靠性。

（3）强化雨水入渗，改善水循环，沉淀和净化雨水，减少污染。

（4）雨水净化后可作为生活杂用水、工业用水，减少自来水的使用量，节约水费；雨水渗透还可以节省雨水管道投资；雨水的储留可以加大地面水体的蒸发量，创造湿润气候，减少干旱天气，利于植被生长，改善城市生态环境。

第三节　农业节水

农业用水包括农田灌溉和林牧渔畜用水。农业用水是我国用水大户，农业用水量占总用水量的比例最大，在农业用水中，农田灌溉用水是农业用水的主要用水和耗水对象。采取有效节水措施、提高农田水资源利用效率，是缓解水资源供求矛盾的主要措施。

一、农业节水的概念

农业节水是指农业生产过程中在保证生产效益的前提下尽可能节约用水。农业是用水大户，但是在相当一部分发展中国家，农业生产投入低，技术落后，农田灌溉不合理，水量浪费惊人。所以，农业节水以总量多和潜力大成为节水的首要课题。

当前，我国农业用水占全国总用水量的 60%~70%，农业用水量的 90% 用于种植业灌溉，其余用于林业、牧业、渔业以及农村饮水等。在谈到农业节水时，人们往往只想到节水灌溉，实际上并非如此简单，农业节水包括三个层次的内容。

可见，节约用水要关注三个层面的内容研究，不应当仅限于节水灌溉。

相比于节水灌溉，农业节水的范围更广。当水资源短缺，水量得不到保证时，一般可以改变作物组成，使需水量减少，压缩农业需水来满足工业和生活需水。因此，农业灌溉需水的保证率低于生活和工业需水的保证率。但是菜田需水要求较高的供水保证率，可与工业和生活需水一样得到保证。

二、农田灌溉需水

农田灌溉需水包括水浇地和水田的灌溉需水，灌溉需水预测采用灌溉定额预测方法，灌溉定额预测要考虑灌溉保证率水平。

（一）农作物的需水量

农作物的需水量一般是指农作物生长期间植株蒸发量和棵间蒸发量之和（又称腾发量）。对水稻田来说，也有将稻田渗水量算在作物需水量之内的，这点在引用灌溉试验资料进行计算时要特别注意。

作物需水量一般是通过灌溉试验确定，用产量法、蒸发系数法和积温法等分析估算，可由当地灌溉试验提供，在当地缺乏资料时，可应用邻近相似区域灌溉试验资料。

（二）灌溉制度

灌溉制度指在一定的自然气候和农业栽培技术条件下，为使农作物获得高产、稳产，对农田进行适时适量灌水的一种制度。灌水方式分地面灌溉、地下灌溉和地上灌溉等。对不同灌溉方式，同一作物的灌溉制度是不同的。

影响灌溉制度的因素很多，主要有气候、土壤、水文地质、作物品种、耕作方式、灌排水平以及工程配套程度等。一般灌溉制度随作物种类、品种、自然条件及农业技术措施的不同而变化，必须从当地、当年的具体条件出发进行分析研究，通常采用下述三种方法制定作物灌溉制度。

1. 根据群众丰产灌水经验制定灌溉制度

借鉴各地农民群众在长期的生产实践中积累起来的适时适量进行灌溉夺取作物高产、稳产的丰富经验。

2. 根据灌溉试验资料制定灌溉制度

我国各地先后建立了不少灌溉试验站，开展作物需水量、灌溉制度和灌水技术等试验，有的已有几十年资料，为制定作物灌溉制度提供了重要的依据。

3. 根据水量平衡原理分析制定灌溉制度

根据设计典型年的气象资料和作物需水要求，通过水量平衡计算，拟定出灌溉制度。

上述三种方法中，根据群众丰产灌水经验制定灌溉制度的方法最具有可行性。通过调查总结，确定典型气候年份的灌溉制度，作为灌溉工程规划设计的依据。

第三种方法中所说的水量平衡又分为两类。

水稻田水量平衡方程式。在水稻生育期中任何一个时段内，稻田田面水层的消长变化可用以下水量平衡方程式表示：

$$h_1+P+m-E-C=h_2$$

式中，h_1 为时段初田面水层深度；h_2 为时段末田面水层深度；P 为时段内的降雨量；m 为时段内的灌水量；E 为时段内的田间耗水量；C 为时段内的排水量。

旱作田水量平衡方程式。在旱作物生育期，土壤计划湿润层内储水量的消长变化可用以下水量平衡方程式表示：

$$W_0+\triangle W+P_0+K+M-E=W_t$$

式中，W_0 为时段初土壤计划湿润层内的储水量；W_t 为时段末土壤计划湿润层内的储水量；$\triangle W$ 为由于计划湿润层加深而增加的水量；P_0 为时段内保存在计划湿润层内的有效雨量；K 为时段内的地下水补给量；M 为时段内的灌水量；E 为时段内作物田间需水量。

根据上述水量平衡方程式，在具备各项计算参数的情况下，以各生育期田面适宜水层的上下限为限制条件（水稻田）或以土壤计划湿润层允许的最大和最小储水量为限制条件（旱作田），逐时段地进行水量平衡计算（列表法或图解法），便可以求出作物的灌溉制度。

旱作物灌溉在我国比较复杂，同一种旱作物的净灌溉定额因时因地而异。旱作物灌溉目的在于控制作物湿润土层的含水量，使之可以适宜作物生长。因此影响一个地区当年的灌溉净定额的因素有很多。

（三）灌溉水的利用效率

为了对农田进行灌溉就需要修建一个灌溉系统，以便于把灌溉水输送、分配到各田块。一般的灌溉系统主要由各级渠道连成的渠道网及渠道上的各类建筑物所组成。渠道的级数视灌区面积和地形等条件而定，常分为五级，即干渠、支渠、斗渠、农渠和毛渠。农渠为末级固定渠道，农渠以下的毛渠、输水沟和灌水沟、畦等为临时性工程，统称为田间工程。

一个灌溉系统由渠道将水引入后，在各级渠道的输水过程中有蒸发、渗漏等水量损失，水到田间后，也还有深层渗漏和田间流失等损失。为了反映灌溉水的利用效率，衡量灌区工程质量、管理水平和灌水技术水平，通常用以下四个系数来表示：

1. 渠道水利用系数（$\eta_{渠}$）

指某一条渠道在中间无分水的情况下，渠道末端放出的净流量（$Q_{净}$）与进入渠道首端的毛流量（$Q_{毛}$）之比值，即

$$\eta_{渠}=Q_{净}/Q_{毛}$$

2. 渠系水利用系数（$\eta_{系}$）

指整个渠道系统中各条末级固定渠道（农渠）放出的净流量，与从渠首引进的毛流量的比值，反映出从渠首到农渠的各级渠道的输水损失情况，其数值等于各级渠道

水利用系数的乘积，即

$$\eta_{系}=\eta_{干}\eta_{支}\eta_{斗}\eta_{农}$$

3. 田间水利用系数（$\eta_{田}$）

指田间所需要的净水量与末级固定渠道（农渠）放进田间工程的水量之比，表示农渠以下（包括临时毛渠直至田间）的水的利用率。

4. 灌溉水利用系数（$\eta_{水}$）

指灌区灌溉面积上田间所需要的净水量与渠首引进的总水量的比值，其数值等于渠系水利用系数和田间水利用系数的乘积，即

$$\eta_{水}=\eta_{系}\eta_{田}$$

三、农业的合理与节约用水

综上所述，在我国的总用水量中，农业用水占了八成以上，因此对农业用水进行合理安排，实行节约用水，具有重要的战略意义。尤其是在北方，全力推广节水农业，是解决日益尖锐的水资源供需矛盾的必由之路。

（一）工程节水措施

农业的合理与节约用水措施很多，现将工程节水措施归纳为以下几点。

1. 调整农业结构和作物布局

例如，华北地区冬小麦生育期正值春季干旱少雨，灌溉需水量大，应集中种植在水肥条件较好的地区，而夏玉米和棉花生育期同天然降水吻合较好，水源条件差的地方也可保产。因此，作物布局有所谓"麦随水走、棉移旱地"的原则。

2. 扩大可利用的水源

这也是合理利用水资源的一个重要方面。例如，我国山区、丘陵地区创建和推广的大中小、蓄引提相结合的"长藤结瓜"系统，是解决山丘区灌溉水源供求矛盾的一种较合理的灌溉系统。它将灌溉季节和非灌溉季节的水源进行合理的调度使用。一方面使水源得到充分利用，另一方面还提高了渠道单位引水流量的灌溉能力（一般可比单纯引水系统提高 50%~100%），提高了塘堰的复蓄次数及抗旱能力，从而可以扩大灌溉面积。

淡水资源十分缺乏的地方，如果技术和管理措施到位也可适当利用咸水灌溉，城市郊区利用净化处理后的污水、废水灌溉，只要使用得当都可收到良好的效果。

3. 减少输水损失

减少输水损失也有利于节约灌溉水源。为了减少输水损失，在技术上主要应该采取以下措施。

（1）渠道防渗。对渠道进行衬砌防渗。我国每年因渠道衬砌而损失的水量达上千亿立方米，几乎占了我国农业总用水量的一半。对于渠道进行衬砌防渗能有效提高渠系水利用系数，收到显著的节水效果。

（2）管道输水。以管道代替明渠输水，不仅减少了渗漏，而且免除了输水过程中的蒸发损失，因此比渠道衬砌节水效果更加显著。

我国北方井灌区试验推广以低压的地下和地面相结合的管道系统代替明渠输水，用软管直接将水送入田间灌水沟、畦，大大节约水量。

管道输水具有如下特点：

1）节水节能

管道输水工程可有效减少渗漏和蒸发损失，输送水的有效利用率可达 95% 以上，且与土渠输水相比井灌区管道输水能节能 20%~30%。

2）省地省工

以管道代替渠道输水，一般能节水 2%~4%。同时管道输水速度快，灌溉效率提高一倍，用工减少一半以上。

3）管理方便

有利于适时适量灌溉，能够及时满足作物生长需水要求，促进了增产增收。

4）成本低，易于推广

管道输水成本低，况且当年施工，当年见效，因此易于推广。

为适应低压输水的需要，已研制成功用料省的薄壁塑料管和内光外波的双壁塑料管，开发了多种类型的当地材料预制管，如沙土水泥管、水泥砂管、薄壁混凝土管等。管道输水技术不仅已证明在井灌区是适用的，而且也有必要有计划地逐步推广到大中型自流灌区，从而发挥出更大的节水潜力。

4. 提高灌水技术水平

良好的灌水方法不仅可以保证灌水均匀，节省用水，而且有利于保持土壤结构和肥力。因此，正确地选择灌水方法是进行合理灌溉、节约灌溉水源的重要环节。可以从两个方面入手。

（1）改进传统灌水技术。传统的灌水技术是地面灌溉的方法。目前我国 95% 以上的灌溉面积仍采用地面灌溉。根据灌溉对象的不同，地面灌溉又可分为畦灌（小麦、谷子等密播作物以及牧草和某些蔬菜）、沟灌（棉花、玉米等宽行中耕作物及某些蔬菜）、淹灌（水稻）等不同形式。

平整地面。据研究，3cm 的不平整度，就可能使田间多耗水 40%。田面不平整常使大水漫灌，严重时造成地面冲刷，水土流失。近年来美国采用激光制导的机械平整土地，误差小（仅 15mm），灌水定额可大幅度减少。

小畦灌溉。在平整土地的基础上，改畦灌的大畦、长畦为小畦，避免大水漫灌和长畦串灌。有关资料表明，灌水定额与畦的大小、长短关系很大，当每亩畦数为 1~5 个时，灌水定额可达 100~150m³/ 亩；而当每亩畦数增加到 30~40 个时，灌水定额可减至 40~50m³/ 亩。可见，采用小畦浅灌，对节约用水有显著效果。

细流沟灌。沟灌时控制进入灌水沟的流量（一般不大于 0.1L/S），使沟内水深不超过沟深的一半。这样会使灌水沟中水流流动缓慢，完全靠毛细管作用浸润土壤，能使灌水分布更加均匀，节约水量。

单灌单排的淹灌。水稻田的淹灌是将田面做成一个个格田，将水放入格田并保持田面有一定深度的水层。采用单灌单排的形式，每个格田都有独立的进水口和出水口，排灌分开，互不干扰，避免跑水跑肥，冲刷土壤、稻苗的现象，并有利于控制排灌水量，节约用水。

（2）采用先进灌水方法

喷灌。它是通过喷头喷射到空中散成细小的水滴，比如像天然降雨那样对作物进行灌溉。采用这种方式可以避免输水损失。如果设计合理，喷灌强度和喷水量掌握得恰到好处，就可以达到均匀灌水，而不需要考虑地面是否平整。一般可比地面灌溉节水 1/3~1/2。

滴灌。利用一套低压塑料管道系统将水直接输送到每棵作物根部，由滴头成点滴状湿润根部土壤。它是迄今最精确的灌溉方式，是一种局部灌水法（只湿润作物根部附近土壤），不仅无深层渗漏，而且棵间土壤蒸发也大为减少，因此非常省水，比一般常见地面更可省水 1/2~2/3。目前主要用于果园和温室蔬菜的灌溉。

微喷灌。它是由喷灌与滴灌相结合而产生的，既保持了与滴灌接近的小的灌水量，缓解了滴头易堵塞的毛病，又比喷灌受风的影响小。

渗灌。它是利用地下管道系统将灌溉水引入田间耕作层，借土壤的毛细管作用自下而上湿润土壤，所以又称地下灌溉。该方法有灌水质量好、蒸发损失小等优点，节水效果明显，适用于透水性较小的土壤和根系较深的作物。

（二）农艺节水

结合各地的气候、水源、土壤和作物等条件，因地制宜地采用各种农业技术措施，厉行节水，确保产量，是很有意义的。

我国农民在长期的生产实践中创造了丰富的农田蓄水保墒耕作技术，以充分利用天然降水。通过多种措施尽可能利用土壤本身储存更多的水量以供作物利用。

作物蒸腾量和土壤蒸发量能消耗农田大量的水分，为了减少这部分损失，提高作物对水的利用率，可以采取田面覆盖的方法，因地制宜地采用，可收到保水、增温的良好效果。

合理施肥、选用抗旱高产作物和品种都有利于提高水分利用效率，并且还能同时达到高产稳产。

（三）管理节水

管理节水是运用现代先进的管理技术和自动化管理系统对作物需水规律和生长发育进行科学调控，实现区域效益最佳。建立农田土壤墒情检测预报模型，实时动态分析灌区内土壤墒情，在气象预报的基础上进行实时灌溉预报，实现灌区动态配水计划，达到优化配置灌溉用水的目的。

开展灌区多种水源联合利用的研究，合理利用和配置灌区地表水、地下水和土壤水，在最大限度满足作物生长需水的同时，达到改善农田生态环境的目的。

实现灌区用水的科学政策管理，其核心是制定合理的水价，发展建立适合灌区实际水情和民情的用水交互原则和相关条例，探索科学水市场的形成条件和机制，积极推动节水灌溉的规范化和法治化。

第四节　生活节水

生活用水包括城市生活用水和农村生活用水两个方面，其中城市生活用水包括城市居民住宅用水、市政用水、公共建筑用水、消防用水、供热用水、环境景观用水和娱乐用水等；农村生活用水包括农村日常生活用水和家养禽畜用水等。

一、生活用水的主要特点

生活用水与人类生存最密切、是最重要的一类用水，其对于水量、水质的要求也比较高，具有一些独特特征。生活用水大致有以下主要特点。

1. 比重不大但增长较快

我国水资源绝大部分用于农业和工业生产，生活用水所占比重不是很大。伴随着人口增长、生活条件改善、城乡人民用水普及率和公共用水不断提高，生活用水量在总用水量中所占比重逐渐提高。

2. 对用水保证程度要求高

人们的基本生活用水一旦得不到保证将带来严重的后果。即使在大旱的年份，也必须首先确保人们的基本饮用水的供应。

3. 对水质要求高

我国对饮用水在感官性状、化学、毒理学、细菌学和放射性等方面规定了一系列控制性指标。目的是确保人们的健康和安全。

二、生活用水的途径

（一）生活给水系统

生活给水系统的基本任务是经济合理、安全可靠地供给城市、小城镇、农村居民生活用水和用以保障人们生命财产的消防用水，来满足对水量、水质和水压的要求。

给水系统一般由取水工程、净水工程和输配水工程三部分组成。

1. 取水工程

主要包括地表水取水头部、一级泵站和水井、深井泵站。从地表水源或是地下水源取水，并输入到输配水工程的构筑物。

2. 净水工程

水处理构筑物。对天然水进行沉淀、过滤、消毒等处理，目的是满足用户对水质的要求。

3. 输配水工程

二级泵站、输水管道和配水管网、水塔、水池等调节构筑物。其将符合用户要求的水量输送、分配到各用户，并保证水压要求。

取水构筑物从江河取水，经一级泵站送往水处理构筑物。处理后的清水贮存在清水池中。二级泵站从清水池取水，经输水管送往管网供应用户。通常情况下，从取水构筑物到二级泵站都属于自来水厂的范围。有时为了调节水量和保持管网的水压，可以根据需要建造水库泵站、水塔或高地水池。

（二）给水水源

1. 水源的种类与特点

水源又分为地下水源和地表水源。

地下水源包括上层滞水、潜水、承压水、裂隙水、熔岩水和泉水等。

地表水源包括江河水、湖泊水、水库水以及海水等。

地下水源特点如下：水质清澈，且水源不易受到外界污染和气温影响，一般宜作为生活饮用水的水源；一般含矿物盐类较高，硬度较大，有时含过量铁、锰、氟等。

地表水源特点如下：江河水流程长、汇水面积大，受降雨和地下水的补给，水量大，含盐量和硬度较低；水中悬浮物和胶态杂质含量较多，浊度高于地下水。湖泊和水库水体大，水质与河水类似，但由于湖泊（或水库）水流动性小，贮存时间长，经过长期自然沉淀，浊度较低；海水含盐量高，其中，氯化物含量最高，约占总含盐量的89%，硫化物次之，碳酸盐再次之，其他盐类含量极少。海水一般须经淡化处理才可作为居民生活用水。

2.水源的选择

一般对于用户量小、供水安全要求低的乡镇供水系统，应优先采用水质好的地下水、水库水作为水源。对用水量大、供水安全要求高的城市供水系统，应优先采用河流、湖泊等地表水源。除此之外，还要按照水源水量、水质和地形地貌及用水户的分布等，综合分析选择出水量稳定、水质达标以及综合效益好的水源。

（1）地表水源。为了保证供水系统在最不利的枯水季节能取到足够的水量，需要对一定保证率的枯水流量进行评价：其方法是收集水源 10~15 年连续的水文资料，计算相应保证率下的枯水流量。取水流量和枯水流量应满足下式：

$$Q_k \leq mQ_s$$

式中，Q_k 为供水系统设计取水流量，m³/s；Q_s 为保证率为 90%~97% 的水源枯水流量，m³/s；m 为折减系数，在一般河流中，取 0.15，比较有利的水源条件，例如河流窄而深，流速慢，下游有浅滩、潜堰等，取 0.3~0.5，修建斗槽或渠道等引水构筑物的水源，取值 0.25。

（2）地下水源。城市地下水取水构筑物，每日抽取的水量不应大于地下水的开采储量。地下水开采储量是指开采期内，在不使地下水位连续下降或使水质变化的条件下，从含水层中所能取得的地下水量。开采储量可以包括动储量、调节储量和部分静储量。但静储量一般不动用，只能在很快补给的条件下，才可以动用一部分静储量。

静储量 Q_g，即永久储量，是指最低潜水面以下含水层的体积，计算公式为

$$Q_g = \mu g H F$$

式中，Q_g 为静储量，m³；H 为潜水层最低水位时含水层的平均厚度，m；F 为含水层的分布面积，m²；μg 为给水度，指在重力作用下从饱和水岩层中流出的水量。其值为流出水的体积与岩层总体积之比，以百分数表示。

动储量 Q_d 是指地下水在天然状态下的流量，即在单位时间内，通过某一过水断面的地下水流量。其值等于在一定时间内，由补给区流入的水量，或向排泄区排出的水量，相当于地下水径流量。通常可根据达西公式进行计算，即

$$Q_d = KiHB$$

式中，Q_d 为地下水动储量，m³/d；K 为含水层渗透系数，m/d；i 为计算断面间地下水的水力坡降；H 为计算断面上含水层平均厚度，m；B 为计算断面的宽度，m。

（三）给水处理

给水处理的任务是通过必要的处理方法以改善原水水质，使之符合生活饮用或者是工业使用要求。给水处理方法应根据水源水质和用户对水质的要求确定。以地表水作为水源时，生活饮用水处理工艺流程通常包括混合、絮凝、沉淀或澄清、过滤及消毒。

其中，混凝沉淀（或澄清）及过滤为水厂中主体构筑物，两者兼备，通常称为二次净化。以地下水作为水源时，由于水质较好，通常不需任何处理，仅经消毒即可，工艺简单。

三、生活节水途径

尽管当前我国生活用水水平还较低，但仍存在不少浪费现象。考虑到生活用水在城市总用水量中的比例逐年增大，因此在生活用水领域厉行节约是十分重要的。

科学合理的水价改革是节水的核心内容，可以一定程度上改变缺水又不惜水、用水浪费无节度的状况。所谓分类水价，是根据其使用的性质将水分为生活用水、工业用水、行政事业用水、经营服务用水以及特殊用水五类。各类水价之间的比价关系由所在城市根据实际情况确定。

通过宣传教育，增强人们的节水观念，改变其不良用水习惯。我国80%的淡水资源集中在长江流域以及以南地区，这些地区的人民由于水资源丰富而缺乏节约用水的概念。因此，应通过宣传教育，增强人们的节水意识，改变他们的不良用水习惯。

推广应用节水器具和设备是城市生活用水的主要节水途径之一。节水器具和设备对于有意节水的用户而言有助于提高节水效果；对于不注重节水的用户而言，至少可以限制水的浪费。

节水型水龙头应满足如下条件：能够保障最基本流量、自动减少无用水的消耗、耐用且不易损坏；尽可能使用绿色环保材料，注意控制水龙头阀体材料中的含铅量；推广使用新型管材，如塑料、薄壁不锈钢等。

节水型便器要在保证冲洗质量的同时减少用水量。例如，低位冲洗水箱改用翻板式排水阀，可解决排水阀封闭不严密造成的水浪费，具有开启方便、复位准确以及密封性好等特点；高位冲洗水箱、提拉虹吸式冲洗水箱的出现，改一次性定量冲洗为"两档"冲洗或"无级"非定量冲洗，其节水率在50%以上；另外还有延时自闭冲洗阀、自动冲洗装置的实现都更加方便、更节水。

新型节水器具更加智能化，可以控制最佳用水量。

工业废水和城市生活污水如果不进行处理就排放，会对环境造成不良影响，并且也是对资源的一种浪费。发展再生水处理技术，可以对污水进行预处理作为冲洗厕所、绿化等用水。

第五节　节水器具

1. 开发先进节水器具，杜绝"跑、冒、滴、漏"

一个关不紧的水龙头一个月流掉 $1\sim6m^3$ 水，一个漏水的马桶一个月流掉 $3\sim25m^3$ 的水。如果把坐便器或淋浴器换成节水产品，全国各城市每月可望节水 4.9 亿 t。算一算水账，就会发现节水器具大有可为。

2. 节水器具

节水除了注意养成良好的用水习惯以外，采用节水器具很重要，也最有效。有的人宁可放任自流，也不肯更换节水器具，其实，这样多交水费也是不合算的。节水器具种类繁多，有节水水箱、节水龙头、节水马桶等。从原理来说，有机械式（扳手、按钮）和全自动（电磁感应和红外线遥控）两类。

3. 节水器具的认证

随着节水意识的增强和政府宏观管理的督促，目前市场上陆续出现了一大批节水型用水产品。然而由于长期以来节水产品缺乏统一标准，节水产品是不是真的节水就只能由厂家说了算。去伪存真、杜绝高耗低效的假冒节水产品混入市场就成了开展节水认证的重要目的。

4. 节水型生活器具

据有关部门调查，一个普通的家庭一个月用水 12t，其中有 1/3 用于冲厕所。我国是个水资源极度贫乏的国家，仅冲厕所，每年就要浪费水 20 亿 t。

5. 老式水龙头将被淘汰

螺旋升降式水龙头是国家宣布淘汰的品种。螺旋升降式水龙头的内部胶垫易老化，铸铁材质易生锈易坏、技术落后、耗水量大。市民可能难以置信，老式的铸铁螺旋开降式水龙头已成为某些城市水资源浪费的重要原因。据估算，一个关不紧的水龙头，一个月可以流掉 $1\sim6t$ 水。一个省会城市每年有近千万吨的水在不经意间白白流走。

6. 水龙头节水

老式水龙头既浪费水又费劲，而且阀杆上容易渗水。新型水龙头有陶瓷芯片、变距、自闭等多种形式，均具备科技含量。这类水龙头不但不漏，使用寿命长，而且变距、自闭式等还具有开闭时间短、防止丢水、无水自闭等特点。变距式水龙头关闭的速度快，只有 0.16s（其他的需要 $1\sim3s$）。别看缩短这一点时间，长此以往节约下来的水非常可观。

7. 马桶的种类

据统计，过去马桶用水占家庭用水量的 50% 以上，主要原因是结构不合理，用水浪费。马桶按结构可分为直落式、翻板式、虹吸式、液压式、压差式等。直落式的已被国家明令淘汰，现在多数用户使用的是翻板式，新式的马桶有虹吸与压差相结合的，还有大、小便分档，从而达到节水的目的。新建（购）住房建议选用两档虹吸加压式节水马桶且水箱容量不能超过 6L。这种洁具不但节水，而且使用起来很方便，大便用大水档，小便用小水档，老人、小孩用起来都不感到吃力。

8. 水箱马桶如何节水

水箱、坐桶都不换，只换水箱配件，几十元到一百元钱就可实现大、小便分档，轻松节水 50%；可尝试水箱内放置一块砖头、一个装满水的可乐瓶或盐水瓶的方式来减少冲洗水量，从而达到节水的目的；在翻板上加一个可塑的小弹簧，这不但可以使翻板更加密闭，而且用水量可以随自己控制，想用多少就控制多少。据测算，使用节水弹簧后，可节水 20%~40%。小小弹簧，几元钱就可以解决问题。

9. 冲击式节水箱

冲击式节水箱的设计思路是将水网中的压力转换成空气的压力，同时将压力储存在水箱中，使用时将空气压力转变为水压，将大量的水变成由空气和雾化水组成一股混合水流喷射，使用射流的工作原理，达到直线射程 4~5m 远的水柱。强大的水流射力将马桶冲刷干净，提高了冲刷效果，同时达到了节水目的。冲击式节水箱容水量 4~4.5L，全部结构为密封型。它采用非金属材料制作而成，具有耐腐蚀、成本低、寿命长和工作稳定的特点，长期使用不需维修。

10. 没有水箱的节水马桶

没有水箱的节水马桶与传统产品之区别是去掉蓄水箱，直接将供水管通过控制自闭阀及用于充满置换后的存水弯补水的补水器，在特制的喷嘴作用下，冲洗厕盆盆腔，并通过底部的冲击喷嘴将便垢击碎（散），同时排出排污管道，直至冲落至竖向排污管内。该技术为世界首创，填补了喷射式厕具技术的空白，达到国际先进水平。每次使用水量仅 3.5L，与传统的每次耗水 6L 的"节水"马桶相比节水近 1 倍，同时从源头上杜绝了厕具水箱"跑、冒、滴、漏"的现象，从而彻底解决了"节水厕具"何时能真正节水的问题，按北京市 1400 万人口人均日用厕 7 次计算，一年可节约水费 5.5 亿元，相当于新建一座日产 60 万 t 的自来水厂。

11. 无水小便斗

一种小便斗在使用后不用一滴水冲洗，还能保证卫生、没有异味。无水小便斗的核心技术是一个装在尿池底部的滤盒，滤盒中装有蓝色液面的密封剂。当有尿液进入滤盒时，密封剂会令尿液与外界空气隔离开，气味将被封存于滤盒中，滤盒再滤掉尿液中的沉淀物，然后排入下水道；这样尿液没有沉淀，不会腐蚀排水管，也没有异味，保持清洁而不需用水。维护和保养无水小便斗，需要定期更换滤盒，大约一年换 4 次，或使用 7000 次替换一次。据介绍，一个滤盒相当于节省 34t 水，一年即可节省 136t 水。另外，由于没有污垢产生，无水小便斗将会比普通产品减少除垢剂、清洁剂以及洗涤剂等化学产品的使用量；以及产品用的密封剂是可重复利用和生物降解的产品，在环保方面也值得信赖。因为经济、卫生，节水有效，所以颇受欢迎。

12. 洗浴用的喷洒水龙头

有些是采用钢球芯，并配有调节热水控制器，用来调节热水进入混水槽的流入量，从而使热水可以迅速准确地流出，既能节水又节约热能。一些产品甚至可以节水 50%，且丝毫不会影响沐浴的舒适度。

13. 揭开滚筒洗衣机的秘密

在保护环境、节约水资源意识越来越浓的今天，众多消费者在衣服能洗干净的前提下，更注重洗衣机能否节水，节水多少。洗衣机能不能节水在于它的款式、控水技术、洗涤方式以及所具备的各项功能，其秘密是机身大小。洗衣机体积越小，它的水容积就越小，无论洗或漂，所需水量也就少。当前市面上流行的滚筒洗衣机由于款式、结构相对波轮机更加精巧、紧凑，因而它比波轮机用水要省。但顶置式滚洗又比前置式滚洗体积小，所以顶置式比前置式的滚筒洗衣机省水。

14. 组合型家庭节水系统

目前，一种多功能节水洁具，可利用生活污水冲厕，同时还减少等量的污水排放。这种洁具以柜体形式将洗面盆、坐便器、洗漱用具柜、量控水箱以及冲刷系统等组合成一个小型家庭节水系统。台面是进水龙头和洗面盆，中间是存储洗漱废水的量控储水箱，容积 60L，使用大小便冲厕分档装置，选择不同水量冲厕，可供冲厕 10~15 次。

15. 滴水计量水表节水作用大

现在用的水表始动流量在 8~10L，即 8L/h 以下是无法计量的，表的指针是不动的。而用滴水计量水表，0.1L/h 就开始计量，比现在的平均 10L/h 提高了 100 倍的灵敏度。在水龙头、马桶等产品"滴、冒、漏"的现象普遍存在的今天，滴水计量有两大好处：第一，节约水资源，因为过去滴水的水龙头没有人管，用后滴水就得多交钱，因经济利益关系得赶紧修理，以保证不多交冤枉钱，这就是"利益"起的作用；第二，达到了节水目的，而且相当显著，而这种滴水计量水表比普通水表仅增加 20 多元钱。一年的投入使用就收回增加的成本，以后的 5~10 年都是收益。这是选用先进的技术和经济杠杆起的作用。

16. 有待转化为产品的节水"主意"

许多节水的"主意"正迫切希望转化为产品：一个"卫生间专用节水装置"连接洗脸盆与便池水箱，把可利用的二次水随时自动贮存积累，供冲洗便池用；一个"混气式淋浴喷头"，在相同水压下，保持使用状况不变，可以节水大约27%。对消费者不无诱惑的这些"主意"，难道不正是商家和厂家生财的机会吗？

17. 美国的节水减污措施

美国有关部门将精力集中到了节水器具的研制和开发上。因为节水器具虽"不惊人"，但作用不小，既可减少用水量，也可减少污水处理量，起到了"节水减污"的作用。为此，安装和更换室内节水器具是美国节水采取的主要措施。

18. 日本的不锈钢管道

节水的前提是防止漏水损失，最大的漏损在管道。日本东京约有1/5的水管有漏水现象，水管漏水严重，漏水率达到15%。为了及时维修，供水部门建立了一支700人的水道特别作业队。要想减少漏水，必须进行管道改造。

19. 墨西哥的决心

墨西哥城位于高原之上，是美洲最古老的城市之一。1800万居民需水的80%是取自地下，由于超采地下水，已造成地面沉降，危及建筑物。然而城市人口仍以每年50万的速度增长。为解决用水问题，政府痛下决心，严格规定用水标准。例如，厕所冲洗水量，每次不得超过6L；把全国厕所全部更换成6L模式，仅此一项，节水就解决了几十万居民的家庭生活用水。此外，还进行了提高水价，大力宣传节水等一系列工作，据估计，用水量降低了1/6。

第六节　开发其他水源

1. 雨水利用

雨水被称为"城市的第二水源"。德国的雨水利用研究始终位于世界前列。德国法律要求任何种类的新建小区无论工业、商业还是居住小区，均需要带有雨水利用设施。我国雨水利用方面也取得了长足进步，但是总体上处于试点阶段。雨水利用系统虽然不能直接体现出经济上的优势，但是可以减少初期雨水对水体的污染、削减洪峰流量、涵养地下水，具有广泛的环境和生态效益。

2. 海水利用

海水利用主要有三个方面。一是海水代替淡水直接作为工业用水和生活杂用水，用量最大的是工业冷却用水；其次还可用在洗涤、除尘、冲灰、冲渣、化盐制碱，印染等；还可直接用作生活杂水，如海水冲厕。二是海水经淡化后，提供高质淡水，供高压锅炉用。海水淡化就是除去咸水中的盐，或将淡水透析出来。大致有五类办法：蒸馏，让盐分留下，水蒸气凝结成水；冻结，让咸水结冰，盐和冰分离开来；反渗透，让咸水的水在巨大的压力下通过特殊的膜，留下盐；离子迁移；化学法。海水淡化，耗电耗能，成本很高，但是意义重大，很有前景。三是海水综合利用，即提取化工原料。

3. 向雾滴要水

加拿大科学家发明了一种集雾取水法，用一张聚丙烯和吸水纤维叠层织造的巨型细网，网面积为 $48m^2$，在春夏多雾季节，每天可以收集水 13 万 L，平常日子里，每天可集水 1.1 万 L。

4. 海底有淡水

开发新水源，是解决水危机的一个重要途径。面对咸苦浩瀚的大海，人们在望洋兴叹之余，肯定不止一次地幻想过：海中有没有淡水？能不能像钻探石油那样从海底下钻出淡水来？在波斯湾边巴林群岛，曾经用竹管从海底的涌泉汲取淡水；希腊东边的爱琴海中，也有一处涌泉，一天出淡水 100 万 m^3，人们将泉水与海水分开，用泉水灌溉了 3 万 hm^2 的土地。近来，俄罗斯海洋学家探测表明，大洋底部淡水资源丰富，其蕴藏量约占海水总量的 1/5。

5. 向冰山要水

眼望着极地海面上皑皑的巨大冰山，远水解不了近渴，人们十分着急。一些缺水国家动起了脑筋。海湾 6 个石油国家计划从北冰洋用船拖冰山到海湾，再融化成淡水。当然，这项计划很浪漫也很大胆，技术上难度不会小，用什么船，如何拖拉，一路损耗多少，花费多少，何日实施等，都令人关注。

6. 污水资源化

（1）水污染问题严重，循环用水是必然选择。全国 90% 以上的城市水域受到不同程度的污染，近 50% 的重点城镇的集中饮用水源不符合取水标准。我国北方城市大部分受到资源型缺水的困扰，南方多水地区由于受到不同程度的污染，已经呈现水质型缺水趋势，一些城市又面临着"有水难用"的困境。水资源短缺和水污染严重已经成为城市可持续发展的重要制约因素。污水处理和再生利用是对水自然循环过程的人工模拟与强化。城镇供水的 80% 转化为污水，经过收集处理后，其中 70% 可以再次循环使用。这意味着通过污水回用，可以在现有供水量不变的情况下，使城镇的可用水量增加 50% 以上，这是一笔巨大的资源。国内外的实践经验表明，城市污水的再生利用是开源节流、减轻水体污染、改善生态环境、解决城市缺水的有效途径之一。污水资源化观念反映了我们在治理水污染的战略目标上的重大改变，即由传统意义上的"污水处理、达标排放"转变为以水质为核心的"水的循环再用"，由单纯的"污水控制"上升为"水生态的修复和恢复"。就目前中国的水资源状况和国情看，再生水是我们最佳的"第二水源"，而且也能在一定程度上缓解水污染问题，正所谓的"一箭双雕"。发展污水再生利用，推进污水资源化，是实现有限水资源的合理利用，增强各地区水资源自立能力和安全保障程度的必然选择，这也是国际的共识和发展趋势。

（2）水污染对饮用水水源的影响。提供安全的饮用水是现如今世界面临的四大水资源问题之一，在现如今各种污染频繁的时代，保护饮用水水源已经急不可待，只有水源的卫生安全得到了保障，才能从根本上改善饮用水的质量，从而保障人们的饮水安全。所以关于饮用水水源的保护区的研究已经成为当下我国关注的热点。

众所周知，我国的重要饮用水水源地大多数是一些河流和湖泊，但是这些水源地不仅是作为来源，同时也是城市用于排放的终点，所以水源地长期以来受到城市排放的各种污水的污染，严重影响到水质。

现如今世界上各个国家都已经开始采取各种措施来对水源污染进行控制和治理了，尤其一些发达国家对水源地的利用和保护措施已经比较成熟了，在这方面，我们国家还比较落后。对水源地污染的控制主要通过法律、经济等多方面进行，颁布各种保护饮用水水源地的法律条令，制度制定好之后还需要各地方政府的严格监督和检查，各部门各司其职，才能为水源地保护提供强有力的后盾。而且再加上各水源地的法律法规缺少系统性和协调性，各部门之间的分工也不够明确、监督力度不够等等都对我国饮用水水源保护非常不利。所以现如今我国需要尽快完善相关的法律法规，协调好各部门的权职关系等才能从根本上减轻我国的饮用水水源地污染的情况。

（3）人口的增长增加了对水的需求，也加大了污水的产生量，考虑到水资源是有限的，在这种情况下，水的再生利用无疑成为贮存和扩充水源的有效方法。此外，污水再生利用工程的实施，不再将处理出水排放到脆弱的地表水系，这也为社会提供了新的污水处理方法和污染减量方法。因此，正确实施非饮用性污水再生利用工程，可以满足社会对水的需求而不产生任何已知的显著健康风险，已经被越来越多的城市和农业地区的公众所接收和认可。

回用水源应以生活污水为主，尽量减少工业废水所占的比重。因为生活污水水质稳定，有可预见性，而工业废水排放时污染集中，会冲击再生处理过程。

城市污水水量大，水质相对稳定。就近可得，易于收集，处理技术成熟，基建投资比远距离引水经济，处理成本比海水淡化低廉。因此当今世界各国解决缺水问题时，城市污水首先被选为可靠的供水水源进行再生处理与回用。

在保证其水质对后续回用不产生危害的前提下，进入城市排水系统的城市污水可以作为回水水源。

（4）再生水利用有直接利用和间接利用两种方式。直接利用是指由再生水厂通过输水管道直接将再生水送给用户使用；间接利用就是将再生水排入天然水体或回灌到地下含水层，从进入水体到被取出利用的时间内，在自然系统中经过稀释、过滤、挥发以及氧化等过程获得进一步净化，然后再取出供不同地区用户不同时期使用。

再生的污水主要为城市污水。参照国内外水资源再生利用的实践经验，再生水的利用途径可以分为城市杂用、工业回用、农业回用、景观与环境回用、地下水回灌以及其他回用等几个方面。

①再生水可作为生活杂用水和部分市政用水，包括居民住宅楼、公用建筑和宾馆饭店等冲洗厕所、洗车、城市绿化、浇洒道路、建筑用水和消防用水等。

在城市杂用中，绿化用水通常是再生水利用的重点。在美国的一些城市，资料表明普通家庭的室内用水量：室外用水量 =1：3.6，其中室外用水主要是用于花园的绿化。如果能普及自来水和杂用水分别供水的"双管道供水系统"，则住宅区自来水用量可减少 78%。我国的住宅区绿化用水比例虽然没有这么高，但也呈现逐年增长的趋势。在一些新开发的生态小区，绿化率可高达 40%~50%，这就需要大量的绿化用水，约占小区总用水量的 1/3 或更高。

城市污水回用于生活杂用水可以减少城市污水排放量，节约资源，利于环境保护。城市杂用水的水质要求较低，因此处理工艺也相对简单，投资和运行成本低。因此，再生水城市杂用将是未来城市发展的重要依托。

②工业用水一般占城市供水量的 80% 左右。厂区绿化、浇洒道路、消防与除尘等对再生水的品质要求不是很高，也可以使用回用水。但也要注意降低再生水内的腐蚀性因素。

③农业灌溉是再生水回用的主要途径之一。再生水回用于农业灌溉，已有悠久历史，到目前，是各个国家最为重视的污水回用方式。农业用水包括食用作物和非食用作物灌溉、林地灌溉、牧业和渔业用水，是用水大户。城市污水处理后用于农业灌溉，一方面可以供给作物需要的水分，减少农业对于新鲜水的消耗；另一方面，再生水中含有氮、磷和有机质，有利于农作物的生长。此外，还可利用土壤—植物系统的自然净化功能减轻污染。

农业灌溉用水水质要求一般不高。一般城市污水要求的二级处理或城市生活污水的一级处理即可满足农灌要求。除生食蔬菜和瓜果的成熟期灌溉外，对于粮食作物、饲料、林业、纤维和种子作物的灌溉，一般不必消毒。就回用水应用的安全可靠性而言，再生水回用于农业灌溉的安全性是最高的，对其水质的基本要求也相对容易达到。再生水回用于农业灌溉的水质要求指标主要包括含盐量、选择性离子毒性、氮、重碳酸盐以及 pH 值等。

再生水用于农业应按照农灌的要求安排好再生水的使用，避免对污灌区作物、土壤和地下水带来不良影响，取得多方面的经济效益。

④景观与环境回用是指有目的地将再生水回用到景观水体、水上娱乐设施等，从而满足缺水地区对娱乐性水环境的需要。由再生水组成的两类景观水体中的水生动物、

植物仅用于观赏，不得食用；含有再生水的景观水体不应用于游泳、洗浴、饮用和生活洗涤。

⑤地下回灌是扩大再生水用途的最有益的一种方式。地下水回灌包括天然回灌和人工回灌，回灌方式有三种。城市污水处理后回用于地下水回灌的目的主要有：减轻地下水开采与补给的不平衡，减少或防止地下水位下降、水力拦截海水及苦咸水入渗，控制或防止地面沉降及预防地震，还可以大大加快被污染地下水的稀释和净化过程。将地下含水层作为储水池（贮存雨水、洪水和再生水），扩大地下水资源的储存量。利用地下流场可以实现再生水的异地取用。利用地下水层达到污水进一步深度处理的目的。可见，地下回灌溉是一种再生水间接回用的方法，又是一种处理污水方法。

再生水回用于地下水回灌，其水质一般满足以下一些条件：首先，要求再生水的水质不会造成地下水的水质恶化；其次，再生水不会引起注水井和含水层堵塞；最后，要求再生水的水质不腐蚀注水系统的机械和设备。

再生水除了上述几种主要的回用方式外，还有其他一些回用方式。

①污水回用作为饮用水，有直接回用和间接回用两种类型。直接回用于饮用必须是有计划的回用，处理厂最后出水直接注入生活用水配水系统。此时必须严格控制回用水质，绝对满足饮用水的水质要求。

②间接回用是在河道上游地区，污水经净化处理后排入水体或渗入地下含水层，然后成为下游或当地的饮用水源。目前世界上普遍采用这种方法，例如法国的塞纳河、德国的鲁尔河、美国的俄亥俄河等，这些河道中的再生水量比例为13%~82%；在干旱地区每逢特枯水年，再生水在河中的比例更大。

③建筑中水是指单体建筑、局部建筑楼群或小规模区域性的建筑小区各种排水，经适当处理后循环回用于原建筑物作为杂用的供水系统。

在使用建筑中水时，为了确保用户的身体健康、用水方面和供水的稳定性，适应不同的用途，通常要求建筑中水的水质条件满足以下几点：不产生卫生上的问题；在利用时不产生故障；利用时没有嗅觉和视觉上的不快感；对管道、卫生设备等不产生腐蚀和堵塞等影响。

第三章 水资源配置与规划

水资源规划是水利部门的重点工作内容之一，对水资源的开发利用起着重要的指导作用。水资源合理配置则是水资源规划的重要基础工作。通过对区域水资源进行合理配置和科学规划，可以有效地促使区域水资源的可持续利用，保障经济社会的可持续发展。

第一节 基本概念

一、水资源配置

（一）水资源配置的概念

水资源配置的概念主要是基于以下背景而提出的：

1. 随着人口的不断增加和经济社会的快速发展，水资源供需矛盾日益突出，水资源短缺已成为制约许多国家和地区经济社会发展的瓶颈。所以，寻求合理的水资源配置方案，从而实现有限水资源的优化配置，已经成为摆在我们面前的重要任务，这是开展水资源配置工作的前提条件和动力。

2. 水资源短缺引发水资源在不同地区和不同用水部门之间存在客观的竞争现象，针对该现象实施的每种配水方案必将产生不同的社会、经济、环境效益，这是开展水资源配置工作的基础条件。

3. 系统科学方法、决策理论与计算机模拟技术的不断发展和完善为开展水资源配置提供了技术支撑条件。

基于上述背景，可总结出水资源配置的一般概念。水资源配置是指在流域或特定的区域内，以水资源承载力为基础，以自然规律为准则，遵循高效、公平与可持续利用的原则，通过各种工程与非工程措施，改变水资源的天然时空分布；遵循市场经济规律与资源配置准则，利用系统科学方法、决策理论与计算机模拟技术，通过合理抑制需求、有效增加供水与积极保护环境等手段和措施，对可利用水资源在区域间与各用水部门间进行时空调控和合理配置，不断提高区域水资源的利用效益和可持续性。

（二）水资源配置的意义

水资源配置是水资源规划的重要基础和不可缺少的重要内容，其重要意义主要体现在以下三个方面：有效促进水资源的合理利用与保护；可实现社会、经济、环境效益的综合最优；促进水资源开发与环境保护之间的协调与可持续发展，达到水生态文明。

二、水资源规划

（一）水资源规划的概念

水资源规划起源于人类有目的、有计划地防洪抗旱以及流域治理等水资源开发利用活动，它是人类与水斗争的产物，是在漫长的水利生产实践中形成的，且随着经济社会与科学技术的不断发展，其内容也不断得到充实和提高。

以水质控制及利用为主要对象之活动，统称水资源事业，它包括了水害防治、增加水源和用水，对这些内容的总体安排即水资源规划。水资源规划就是在开发利用水资源的活动中，对水资源的开发目标及其功能在相互协调的前提下做出的总体安排。水资源规划是指在统一的方针任务和目标的约束下，对相关水资源的评价分配。水资源规划是以水资源利用、调配为对象，在一定区域内为开发水资源、防治水患、保护生态环境、提高水资源综合利用效益而制订的总体措施计划与安排。可见，水资源规划的概念和内涵随着研究者的认识、侧重点和实际情况的不同而有所不同。

我国有水利规划与水资源规划之分，水资源规划是水利规划的重要组成部分。水利规划是指为防治水旱灾害、合理开发利用水土资源而制订的总体安排，具体内容包括确定研究范围，制定规划方针、任务和目标，研究防治水害的对策，综合评价流域水资源的分配与供需平衡对策，拟定全局部署与重要枢纽工程的布局，综合评价规划方案实施后对经济、社会和环境的可能影响，提出为实施这些目标需采用的重要措施及程序等。

结合上述有关水资源规划的论述，可以总结出水资源规划的一般概念。水资源规划就是指在统一的方针、任务和目标指导下，以水资源承载力为基础，以自然规律为准则，通过调整水资源的天然时空分布，协调防洪抗旱开源节流供需平衡以及发电、通航、水土保持、景观与环境保护等方面的关系，以提高区域水资源的综合利用效益和效率，实现水资源、经济社会、生态环境协调可持续发展，达到水生态文明为目标而制订的总体计划与安排，并就规划方案实施后可能对经济、社会和环境产生的潜在影响进行评价。

（二）水资源规划的意义

水资源规划的意义主要体现在以下几方面：

1. 有效地促进水资源评价及其合理配置。

2. 有计划地开发利用水资源，保障经济社会的稳步发展，进一步改善或是保护区域环境，促进区域人口、资源、环境和经济社会的协调可持续发展，达到水生态文明。

3. 有效地保护水资源，缓解水资源短缺、洪涝灾害和水环境恶化带来的多种社会矛盾。

（三）水资源规划的类型

根据规划的区域和对象，水资源规划可分为以下几种类型。

1. 区域水资源规划

区域水资源规划：是指以行政区或经济区、工程影响区为对象的水资源规划。区域水资源规划所研究的内容包括国民经济发展自然资源与环境保护、地区开发、社会福利与人民生活水平的提高以及与水资源有关的其他问题。研究对策一般包括防洪、灌溉、排涝、航运、供水、发电、养殖、旅游、水环境保护与水土保持等内容。规划的重点视具体的区域和水资源服务功能的不同而有所侧重。例如，干旱缺水地区的水资源规划应以水资源合理配置、水资源节约及其水资源科学管理为重点；而洪灾多发地区的水资源规划则应以防洪排涝为重点来开展。

进行区域水资源规划时，既要把重点放到研究区域上，又要兼顾研究区域所在流域的水资源总体规划，统筹局部利益和整体利益，实现大流域与小区域之间的相互协调与全局最优。

2. 流域水资源规划

流域水资源规划是以整个江河流域为对象的水资源规划，也被称为流域规划。流域规划的研究区域一般是按照地表水系的空间地理位置来划分的，即以流域分水岭为区域边界。研究内容和对策基本与区域水资源规划相近。与此相同，对于不同的流域规划，其规划的侧重点也有所不同。例如，塔里木河流域规划的重点是生态保护；黄河流域规划的重点是水土保持；淮河流域规划的重点是水资源保护。

3. 跨流域水资源规划

跨流域水资源规划是将一个以上的流域作为对象，以跨流域调水为目的的水资源规划。例如，为实施"引黄济青""引青济秦""引黄入呼"等工程而进行的水资源规划；为实施南水北调工程而进行的水资源规划等。跨流域调水工程涉及的流域较多，每个流域的经济社会发展、水资源利用和环境保护等问题都应包含在内。因此，与单个流域水资源规划相比，跨流域水资源规划所要考虑的问题更多、更广泛、更深入，既要探讨由于水资源的时空再分配可能给每个流域带来的经济社会和环境影响，又要探讨整个领域对象水资源利用的可持续性和对后代人的影响及相应对策等。

4. 专门水资源规划

专门水资源规划是以流域或地区某一专门任务为研究对象或为某一特定行业所做的水资源规划。有灌溉规划、水资源保护规划、防洪规划、水力发电规划、城市供水规划、航运规划以及某一重大水利工程规划（如小浪底工程规划、三峡工程规划）等。该类规划针对性较强，除重点考虑某一专门问题外，还要考虑规划方案实施后可能对区域或流域产生的影响以及区域或流域水资源状况和开发利用的总体战略等。

第二节　水资源规划的原则与指导思想

一、水资源规划的原则

水资源规划是全面落实国家或地区实施可持续发展战略的要求，适应经济社会发展和水资源的时空动态变化，着力缓解水资源短缺以及水环境恶化等水问题的一项重要工作。它是根据国家或地区的社会、经济、资源和环境总体发展规划，以区域水文特征及水资源状况为基础来进行的。

水资源规划的制定是国家或地区国民经济发展中的一件大事，它关系到国计民生、经济社会发展与环境保护等诸多方面，因此应该高度重视并尽可能利用有限的水资源，按照最严格水资源管理制度要求。满足各方面的需水，以较少的投入获取较高的社会、经济和环境效益，促进人口、资源、环境和经济的协调可持续发展，以水资源的可持续利用支持经济社会的可持续发展。

水资源规划一般应遵守以下几方面原则。

1. 遵守有关法律和规范

水资源规划是区域水资源开发利用的一个指导性文件，因此在制定水资源规划时，应首先贯彻执行国家有关法律和规范。

2. 以人为本，保障安全

经济社会发展带来的水问题多样且复杂，在进行水资源规划时，应当以人为本，重点解决人民群众最关心、最直接、最现实的问题，保障供水安全、饮水安全及水生态安全。

3. 全面规划，统筹兼顾

水资源规划是对天然水资源时空分布的再分配，因此应将不同类型水资源载体及其转化环节看作一个复合系统，在时空尺度上进行统一调配，根据经济社会发展需要环境保护规划及水资源开发利用现状，对水资源的开发、利用、调配、节约、保护与管理等做出总体安排。要坚持开源节流与污染防治并重，兴利与除害相结合，并妥善处理上下游、左右岸、干支流、城市与农村、流域与区域、开发与保护、建设与管理、近期与远期等方面的关系。

4. 系统分析与综合开发利用

水资源规划涉及因素复杂、内容广泛、行业与部门众多、供需较难一致。因此在进行水资源规划时，应首先进行系统分析。在此基础上给出综合措施，做到一水多用、一物多能、综合开发利用，最大限度地满足各方面的需求，使水资源利用效率和效率协调最优。

5. 人水和谐发展

坚持人水和谐发展理念，尊重自然规律及经济社会发展规律。水资源是支撑经济社会可持续发展的重要基础，经济社会是保护水资源的重要主体，二者相辅相成，应该保持和谐关系。水资源开发利用要与经济社会发展的目标、规模水平和速度相适应；经济社会发展要与水资源承载能力、水资源管理要求相适应；城市发展、生产力布局、产业结构调整以及环境保护与建设要充分考虑区域水文特征与水资源条件。

6. 可持续利用

统筹协调生活、生产和生态用水，合理配置地表水与地下水，当地水与跨流域调水，工程供水与其他水源供水。开源与节流保护与开发并重，不断强化水资源的节约与保护。

7. 因时、因地制宜

水资源系统是一个动态系统，它无时无刻不在发生着变化；加之经济社会也是不断地向前发展的，因此应根据不同时期区域水资源状况与经济社会发展条件，确定适合本地区不同时期的水资源开发利用与保护的模式和对策。提出各类用水的优先次序，明确水资源开发、利用、调配、节约、保护与管理等方面的重点内容和环节，以便满足不同地区、不同时间对水资源规划的需要。

8. 依法治水

发挥政府宏观调控和市场机制的作用，认真研究水资源管理的体制、机制与法制问题。制定有关水资源管理的法规政策与制度。规范和协调水事活动。

9. 科学治水

要运用先进的技术、方法、手段和规划思想，科学配置水资源，缓解当前和未来一段时间内可能发生的主要水资源问题。应用先进的信息技术方法与手段，科学管理水资源，制定出具有高科技水平的水资源规划。

10. 实施的可行性

实施的可行性包括时间上的可行性、技术上的可行性和经济上的可行性，在选择水资源规划方案时，既要充分地考虑方案的经济效益，也要考虑方案实施的可行性。只有考虑这一原则，制定出的规划方案才可实施。

二、水资源规划的指导思想

水资源规划的指导思想可概括为以下几点：

1. 水资源规划要综合考虑社会、经济、环境效益，确保经济社会发展与水资源开发利用，环境保护相协调。

2. 考虑水资源的动态承载能力或可再生性及用水总量控制管理，不同阶段严格控制水资源开发利用量在区域或流域用水总量控制线以内（对于无用水总量控制线的，应控制在可利用量以内），确保水资源的永续利用。

3. 考虑各行业、区域总体用水水平状况及经济社会发展变化，不断提高用水效率，将用水效率控制在区域或流域控制线以上。

4. 严格管理水功能区，控制入河排污总量在区域或流域控制线以内。

5. 水资源规划的实施要与经济社会发展水平相适应，确保水资源规划方案是可行的。

6. 从区域或流域整体的角度出发，考虑到不同水平年流域上下游以及不同区域不同部门用水间的平衡，确保区域或流域经济社会的协调可持续发展。

7. 与经济社会发展密切结合，注重全社会公众的广泛参与，注重从社会发展的根源上来寻求解决水问题的途径，同时也配合着采取一些经济手段。确保"人"与"水"的和谐。

8. 实现经济社会、资源和环境的协调可持续发展。

第三节　水资源规划的工作流程

任何一种规划都有自己特定的目标，都应在支撑上级系统总体目标实现的前提下定义自己的功能和实现自己的目标。水资源规划是国民经济发展总体规划的重要组成部分和基础支撑规划，它是在经济社会发展总体目标的要求下，根据自然条件和经济社会的发展趋势，制定出不同规划水平年水资源开发利用与管理的措施，以保障人类社会的生存发展及其对水的需求，促进社会、经济、资源和环境的协调可持续发展。

水资源规划的目标是为国家或地区水资源可持续利用和管理提供规划基础。要在进一步查清区域水资源及其开发利用现状、分析和评价水资源承载能力的基础上，根据经济社会可持续发展和环境保护对水资源的要求，提出了水资源合理开发、优化配置、高效利用、有效保护和综合治理的总体布局及实施方案，实现"三条红线"目标，促进我国人口、资源、环境和经济的协调可持续发展，达到水生态文明，以水资源的可持续利用支持经济社会的可持续发展。

由上述目标可总结出，水资源规划的目标实际上包括整治和兴利两类。整治的目标就是通过对河道、水库、湖泊、渠道、滩涂和湿地等天然和人工水体的污染、淤积、萎缩和退化等问题的治理，进行生态保护和修复；兴利的目标就是通过修建各种水利工程，调节水资源的时空分布，使水资源得到充分利用，最大限度地满足用水需求。

水资源规划的主要内容包括：水资源调查评价；水资源开发利用情况调查评价；节约用水；水资源保护；需水预测；供水预测；水资源合理配置；总体布局与实施方案；规划实施效果评价。

根据水资源规划的主要内容和目标，水资源规划编制的总体思路是根据地区国民经济和社会发展总体部署，以水资源承载力及水资源管理"三条红线"为基础，以自然规律为准则，确定了水资源可持续利用的目标、方向、任务、重点模式、步骤、对策和措施，统筹水资源的开发、利用、调配、节约和保护，规范水事行为，推进水资源可持续利用和环境保护。

根据水资源规划的主要内容、各组成部分的编辑次序及其逻辑关系，整理出了水资源规划的工作流程。

1. 现场查勘，收集整理资料，分析问题，确定规划目标

现场查勘：了解研究区实际情况，进行有关水资源评价及其开发利用现状调查评价等方面的基础工作。观测河道流量、地下水位，进行抽水试验、水文地质试验、水质取样与化验，调查各行业用水效率及排水情况、供水工程情况等。

收集整理资料：主要收集经济社会、水文气象、地质与水文地质、水资源开发利用与水利工程以及水资源管理等方面的基础资料。整理资料就是从时间和空间上使资料更符合工作需要。

分析问题：初步分析对象领域现状供用水存在的问题。初步确定进一步开发利用水资源的基本要求。

确定规划目标：根据现状供用水存在的问题、开发利用水资源的基本要求、水资源动态承载力及水资源管理"三条红线"要求拟定规划目标，作为制订规划方案或措施的依据。

2. 水资源及其开发利用情况调查评价

评价对象领域地下、地表及其他水源的水资源量，同时对对象领域水资源开发利

用情况进行调查评价，包括对对象领域供用水量情况、用水效率情况及其存在的问题进行系统的分析。

3. 节约用水与水资源保护

节约用水包括用水现状水平分析，各行业分类节水标准及其指标的确定，节水潜力分析与计算，确定不同水平年的节水方向、重点和目标，拟订节水方案，落实节水措施。水资源保护包括地表水与地下水资源的保护以及水生态的修复与保护对策，即水资源的量与质的保护。

4. 供需水预测

供水预测：预测各规划水平年不同保证率下各类水源工程的供水量，水源工程包括原有水源工程和新增供水水源工程。预测不同水资源开发利用模式下可能的供水量，并进行技术经济比较拟订水资源开发利用方案。分析规划区域各水平年境内水资源可供水量及其耗水量。规划区域境内水资源的耗水量不应超过区域用水总量控制线（无用水总量控制线的，不应超过水资源可利用量）。供水预测要充分吸收和利用有关专业规划以及流域、区域规划（如国家或地区的地下水开发利用规划、污水处理再利用规划、雨水集蓄利用规划、海水利用规划，以及各流域规划与区域水资源综合规划等）成果，并根据规划要求和新的情况变化，对原规划成果进行适当调整与补充完善。

需水预测：预测各规划水平年不同保证率下各行业的需水要求和用水水平。根据区域水资源条件、承载能力及其水资源管理"三条红线"要求，确定各规划水平年不同发展情景下的经济社会发展指标。在对各种发展情景指标进行综合分析后，提出经济社会发展指标的推荐方案。

5. 抑制需求和增加供水的方案分析

在供需水预测的基础上进行抑制需求和增加供水的方案分析，同时考虑水资源保护节约用水及保护环境，提出供需水及目标控制方案集。

6. 水资源合理配置

对方案集内各方案的供需水状况进行分析后，运用水资源合理配置模型对前述形成的方案集进行优选，找出满足合理配置约束条件的方案，这就是非劣解集。进一步通过对非劣解集方案的对比，分析推荐出合理可行的较优方案并拟定对特殊旱情最有效的对策和措施。

7. 总体布局

依据水资源合理配置提出的推荐方案，统筹考虑水资源的开发、利用、调控、节约与保护，提出水资源开发利用总体布局、实施方案与管理方式。总体布局要使工程措施与非工程措施紧密结合，最终形成水资源规划的总体方案。

8.实施效果评估

综合评估推荐规划方案实施后可能达到的经济、社会、环境的预期效果与效益，以及资源、环境以及经济社会发展的协调可持续性。

第四节　水资源需求分析及预测

水资源是经济社会发展的基础资源。经济社会的发展需要水资源做保障。然而水资源的供给并不能够完全满足经济社会发展的需要。一方面，经济社会发展过快会造成对水资源的需求急剧增加，有限的水资源不能够满足其需求；另一方面，经济条件过差，对水资源的开发利用条件不足，也会使水资源得不到充分利用，不能满足经济社会的进一步发展。因此，经济社会发展与水资源紧密联系且互相制约。

一、水资源需求变化的影响因素分析

随着经济社会的发展，对水资源的需求也产生相应的变化，这种变化主要来源于经济增长的需要和水资源的开发利用程度两个方面，具体驱动和制约水资源需求增长的因素可总结为以下几点。

（一）驱动水资源需求增长的因素

驱动水资源需求增长的因素主要有人口的增加和城镇化进程、经济发展以及环境保护与建设三个方面。

1.人口的增加和城镇化进程

人口的不断增加不断地改变着环境，发展着经济。从本质上说，人类及其生存环境用水都可归结为人的用水。只要人口在不断增加，人类对水资源的需求量也就不断增长。城镇化进程也会驱动需水的增长。随着经济社会的发展和人类生活水平的不断提高，城镇化进程也在逐步加快，城镇化率不断提高。这种提高使对水资源的需求量进一步加大。与世界发达国家相比，我国的城镇化水平仍然相对较低。随着改革开放的进一步深入，特别是经济社会的飞速发展，我国的城镇化程度将越来越高，对水资源的需求也会越来越大。从水资源供需分析来看，与广大农村牧区相比，人口大量集中于较狭小的城镇，用水也比较集中，宜于建设集中供水设施，提高供水效率。城镇居民的生活用水水平也明显高于农村居民，人均用水量一般是其2倍以上。因此，从水资源消耗上来看，城镇人口越多，其所消耗的水资源量也就越多。不同时期不同区域的人均用水量是不一样的。但是在相当长的发展时期，需水的增长仍将取决于人口的增加，人口的增长和城镇化进程作为需水的驱动因素将长期存在。

2.经济发展

经济发展是人类社会永恒的主题。随着人类经济活动的日益增多，经济发展所消耗的水资源量也越来越多。人类经济活动所消耗的水资源主要包括农业灌溉、工业用水和其他生产用水等。为了满足不断增加的人口对粮食的需求，需大量开发土地和发展灌溉农业，致使灌溉用水量持续增长。从发展的角度看，在今后相当长的一段时间内，全球经济发展总需水量仍会呈增长的趋势，经济发展是需水继续增长的主要驱动因素之一。但是这种增长具有阶段性，当经济发展进入工业化后期或后工业化阶段（如西欧许多国家和日本等）经济活动用水量则是有可能进入稳定甚至出现所谓的"零增长"阶段，而且随着节水水平的不断提高和先进工艺的广泛采用，经济发展需水有可能呈下降趋势。但是我国尚未进入工业化后期或后工业化阶段。在未来相当长的一段时间内，经济发展需水仍会呈增长态势。

3.环境保护与建设

随着可持续发展战略的进一步实施，环境保护与建设的不断深入，生态用水也将驱动未来区域需水的增长。作为发展中国家，我国正日益面临着经济社会发展用水与生态用水的激烈竞争。这主要是由于我国水资源时空分布极不均匀，许多地区在发展经济和维持人口生命用水的需求过程中，牺牲了部分生态对水资源的需求，造成了严重的环境问题，比如北方地区许多河流断流、地下水位持续下降、沿海地区海水入侵、众多河流湖泊受到污染部分河流泥沙含量增大等。面对日益严重的环境问题，国家正在实施可持续发展战略，加强环境保护力度，增加环境保护治理投资。从水资源利用的角度来看，未来环境保护的水资源需求必将有较大的增长。水是生态系统的重要因子，没有良好的水源做保证，环境保护就无从谈起。也就是说，环境保护在今后一段时间内，也将是驱动需水增长的重要因素之一。

（二）制约水资源需求增长的因素

水资源的需求具有有限性和客观性，驱动需水增长的各类因素具有阶段性，需水不是无限制地增长的，而是受到水资源状况以及总量控制管理、水价与水市场、水利工程条件以及节水与水资源管理水平等因素的影响和制约。

1.水资源状况及总量控制管理

一个区域在不同阶段的水资源量呈现出动态有限性，在没有外区域水量调入的情况下，其所能利用的最大水量一般不能超过可利用水资源量。需水不可能脱离水资源的可利用量而无限度地增长，这就产生了需水增长的资源制约性。当需水量超过可利用量时，将会破坏水循环规律引起环境和资源负效应，危及水循环的稳定和生态的安全，例如我国北方地区部分城市由于地下水过度超采已经形成大面积的地下水降落漏斗，引起地面不同程度的沉降，沿海许多地区也由于超采地下水引发海水倒灌等。这种负面影响一旦形成，在短期内是很难消除的。另外，我国目前正在实施最严格的水资源管理制度，"三条红线"是其核心内容，各区域或流域均有不同水平年用水总量控制线。因此，需水增长受水资源条件及用水总量控制线的制约。

2. 水价与水市场

在经济不断发展的条件下，对水的需求增长将受到水价的抑制，较高的水价一般有利于减少无谓的浪费，并可以促进节水工作的有序开展，这就体现出市场机制对供需关系的调整作用。然而，水价的调整对通货膨胀、居民家庭支出结构和产品成本构成都有一定的影响，尤其是农业灌溉水价的调整，其影响面更为广泛。所以，水价调整还有一个承受力的问题。而且根据我国宪法，水资源与其他自然资源一样，都属于国家所有，供水具有较强的区域垄断性和公益性，也不能完全由市场来决定水价。目前，尽管一些地区已经出现了水市场的雏形，但是并没有形成完全意义上的"市场机制"。因此，水市场对需水的抑制作用尚待实践和探索，但水价与水市场对需水的影响是毫无疑问的。

3. 水利工程条件

受经济社会发展水平和科学技术发展水平的影响，在社会发展的某一个阶段，水资源的开发利用量是有限度的。从供需平衡分析来看，区域内的用水量不能超过其可能的供水量。从预测的角度来看，由于水资源规划的超前性和安全性，通常情况下需水量的预测值会超过当地供水工程的供水能力，但其又不能与可能的供水量相差太大。也就是说，需水的增长受制于当地的水利工程条件。从科学技术发展的角度来看，许多地区的缺水问题是可以通过兴建水利工程来解决的，但这些工程应具有经济和技术上的可行性。在大型的跨流域、跨区域调水工程没有实施以前。规划区的需水量显然会受到水利工程条件的制约。即便是实施了跨流域或跨区域的调水工程，受水区的需水量预测也会受到投资和技术条件的制约。

4. 节水与水资源管理水平

节水是有效地抑制需水增长的重要措施，特别是用水效率控制红线的实施，更是要求各行业必须不断提高用水效率。采取调整产业和产品结构、建设节水型社会、加大节水投入、实施工程措施节水、加强用水管理、提高水价、实行定额管理制度、发展节水技术和培育节水产业、加强节水教育以及培养公众节水意识等各类工程措施和非工程措施后，可以取得明显的节水效果。如农业灌溉用水较大的地区，可通过大面积发展节水灌溉，提高节水效果。水资源管理政策对水需求的影响也非常大。面向可持续发展的最严格的水资源管理制度，例如用水总量控制制度、用水效率控制制度、水功能区限制纳污制度、水资源管理责任和考核制度、取水许可制度等的实施，能够有效地影响社会对水的需求。

二、需水预测

需水预测是在充分考虑资源约束，总量控制和节约用水效率控制等条件下，研究各规划水平年，并按照生活、农业、工业、建筑业、第三产业和生态用水口径进行分类，同时区分城镇与农村、河道内与河道外、高用水行业与一般用水行业，分别进行各行业净需水量与毛需水量的预测。需水预测时需要考虑市场经济条件下对水需求的抑制、当地的水资源状况及"三条红线"、水利工程条件用水管理与节水水平、水价以及水市场因素对需水的调节作用，充分研究节水技术的不断发展及其对需水的抑制效果。需水预测是一个动态预测过程，与节约用水及水资源配置不断循环反馈。需水量的变化与经济发展速度、国民经济结构、城乡建设规模、产业布局等诸多因素有关。需水预测是水资源规划和供水工程建设的重要依据。

（一）需水预测原则

需水预测既要考虑科技进步对未来用水的影响，又要考虑水资源紧缺对经济社会发展的制约作用，使预测符合当地实际发展情况。需水预测应以区域不同水平年的经济社会发展指标为依据，有条件时应以投入产出表为基础建立宏观经济模型。从人口与经济驱动需水增长的两大内因入手，结合具体的水资源状况及"三条红线"水利工程条件以及过去各部门需水增长的实际过程，分析其发展趋势，采用多种方法进行计算，并论证所采用指标和数据的合理性。需水预测应着重分析评价各项用水定额的变化特点，用水结构和用水量的变化趋势，并分析计算各项耗水量指标。需水预测应遵循以下几条原则：

1.以各规划水平年经济社会发展指标为依据。贯彻可持续发展的原则，统筹兼顾社会、经济、生态和环境等各部门发展对水的需求。

2.考虑市场经济对需水增长的作用和科技进步对未来需水的影响，分析研究工业结构变化、生产工艺改革和农业种植结构变化等因素对需水的影响。

3.考虑水资源紧缺及"三条红线"对需水增长的制约作用，全面贯彻节水方针，分析研究节水技术、措施的采用与推广等对需水的影响。

4.重视现状基础资料调查，结合历史情况进行规律分析和合理的趋势外延，使需水预测符合区域特点和用水习惯。

（二）需水预测方法

需水预测按生活、农业、工业和建筑业第三产业和生态用水口径进行划分，也可以按照生活、生产和生态用水口径进行划分。生活需水包括城镇居民生活用水和农村居民生活用水。生产需水是指有经济产出的各类生产活动所需要的水量，包括第一产业的种植业和林牧渔业，第二产业的高用水工业、一般工业、火（核）电工业和建筑业，以及第三产业等。生态用水分河道外和河道内两种情况，对于如水电、航运等河道内生产用水，因其用水主要是利用水的势能和生态功能，一般不消耗水资源的数量或是污染水质，故而属于非耗损性清洁用水。此外，河道内的生产活动用水具有多功能特点，在满足主要用水要求的同时，可兼顾满足其他用水的要求。因此，通常情况下，河道内生产用水与河道内生态需水一并取外包线统一作为河道内需水考虑；生态需水分维护生态功能和生态建设两类，并按河道内与河道外用水来划分。

需水预测时应按近、中、远期设定不同的规划水平年，各水平年设定时，应结合经济社会发展规划、流程规划、城市规划、农业规划、工业规划、水利规划与生态建设规划等相关发展建设规划，经综合分析后加以确定。实际上，需水量等于指标量值与用水定额的乘积。因此，各行业需水预测的关键就是确定各规划水平年的指标量值和用水定额。

1. 指标量值的预测方法

按是否采用统计方法分为统计方法和非统计方法，按照预测时期长短分为即期预测、短期预测、中期预测和长期预测；按照是否采用数学模型方法分为定量预测法和定性预测法，常用的定量预测方法有趋势外推法、多元回归法和经济计量模型。

（1）趋势外推法

根据预测指标时间序列数据的趋势变化规律建立模型，并用以推断未来值。这种方法从时间序列的总体进行考察，体现出各种影响因素的综合作用。当预测指标的影响因素错综复杂或有关数据无法得到时，可直接选用时间作为自变量综合替代各种影响因素，建立时间序列模型，对其未来的发展变化做出大致的判断和估计。该方法只需要预测指标历年的数据资料，因而工作量大大减少，应用也比较方便。该方法根据建模原理的不同又可分为多种方法，如平均增减趋势预测、周期叠加外延预测（随机理论）与灰色预测等。

（2）多元回归法

该方法通过建立预测指标（因变量）与多个主相关变量的因果关系来推断指标的未来值，所采用的回归关系方程多为单一方程。它的优点是能简单定量地表示因变量与多个自变量间的关系，只要知道各自变量的数值就可简单地计算出因变量的大小，方法简单，应用也比较多。

（3）经济计量模型

该模型不是一个简单的回归方程，而是两个或多个回归方程组成的回归方程组。这种方法揭示了多种因素相互之间的复杂关系，因为面对实际情况的描述会更准确些。

2. 用水定额的预测方法

通常情况下，需要预测的用水定额有各行业的净用水定额和毛用水定额，可采用定量预测方法，包括趋势外推法、多元回归法与参考对比取值法等。其中，参考对比取值法可以结合节水分析成果，考虑产业结构及其布局调整的影响，并可以参考有关省（自治区、直辖市）相关部门和行业制定的用水定额标准，再经过综合分析后确定用水定额，因此该法较为常用。

（三）用水定额需水预测结果的影响因素

1. 用水定额的影响因素

在确定各行业的用水定额之前，应首先了解其影响因素。限于篇幅，下面重点介绍工业用水定额和农业灌溉定额的影响因素。

（1）工业用水定额的影响因素

工业用水定额可采用万元增加值用水量、万元产值用水量或单位产品用水量等指标。影响工业用水定额的主要因素有如下几点：

1）生产性质与产品结构。不同行业的用水构成不同，用水特性也不同，造成用水定额的明显差异。通常火电、纺织、造纸、冶金和石化等行业的用水定额相对较大，属于高用水行业；而采掘、机械、电子等行业的用水定额相对较小，属于一般用水行业、高用水行业和一般用水行业的用水定额往往相差几十倍甚至几百倍。对于同类行业，由于其产品结构的不同，用水定额也有一定的差异。

2）生产工艺、生产设备与技术水平。生产工艺生产设备等技术条件，不仅影响工业产品的产量和质量而且对其用水定额也有较大的影响。技术装备好、生产工艺先进的企业，不仅产量高、质量好，而且用水定额也相对较小。技术装备差、生产工艺落后的企业，不仅产量低、效益差，而且用水定额也相对较大。

3）生产规模。生产规模对企业单位产品用水量影响较大。通常，生产规模越大，其用水量也越大，水费成本也就越高，大企业比小企业更重视节水。

4）用水水平与节水程度。工业用水重复利用率是反映工业用水和节水水平高低的一个重要指标。重复利用率越高，企业用水水平和节水程度就越高，相应的用水定额就越低。

5）用水管理水平与水价。在企业生产规模相同、生产工艺相近的情况下，用水管理水平会直接影响单位产出取水量的大小。管理水平较高（如计量设施装置较齐全、设有专门管水的部门和人员、有日抄表记录以及将耗水列入成本核算超罚节奖）的企业，其用水水平也高。水价对用水定额的影响也很明显，水价较高地区的企业用水定额比水价较低地区的同类企业明显偏低。

6）自然因素与供水条件。通常情况下，夏季炎热气温较高，用水定额相对较高；

而冬季寒冷气温较低，用水定额则相对较低。供水条件对企业用水定额的影响也很大，比如同样是火电企业，直流式（惯流式）供水方式比起循环式供水方式，其用水定额要高几十倍甚至几百倍。

（2）农业灌溉定额的影响因素

农业灌溉包括农田灌溉、牧草地灌溉与林果的灌溉等，其用水定额通常选用亩均灌溉用水量，即灌溉定额，有时也采用单位农产品取水量万元增加值或万元产值取水量等指标。影响灌溉定额的主要因素有作物需水量、有效降雨量、作物生育期内的地下水补给量等。

2.需水预测结果的影响因素

需水预测结果的主要影响因素有：不同经济社会发展情景；不同产业结构和用水结构；不同用水定额和节水水平。

（四）各行业需水预测

各行业需水预测的关键就是确定各规划水平年的指标量值和用水定额。确定指标量值可采用不同的方法，而确定用水定额时，一般情况下采用参考对比取值法或趋势外推法。下面分别叙述各行业需水的预测方法。

1.生活需水预测

生活需水分城镇居民生活需水和农村居民生活需水两类。城镇（或农村）生活需水的增长速度是比较有规律的，通常在一定的范围内，因而可以采用趋势外推法来预测。包括用该法来预测用水人口和人均日用水量或以计划部门不同水平年的用水人口预测数及其增长率为基准来预测。而需水定额以用水现状调查数据为基础，并分析其历年变化情况，考虑到不同水平年城镇（或农村）居民生活水平的改善及提高程度，拟定其相应的人均日用水量，这种方法也称人均日用水量法，或简称定额法。

2.农业需水预测

农业需水预测包括农田灌溉需水预测和林牧渔业需水预测。

（1）农田灌溉需水预测

农田灌溉需水受自然地理条件的影响，在时空分布上变化较大，同时还与农作物的品种和组成、灌溉方式和技术、管理水平、土壤、水源以及工程设施等具体条件有关。农田灌溉需水的预测通常采用定额法。考虑到不同地区灌溉条件相差较大，农田灌溉需水预测应分区来进行，各分区需水量之和即整个区域农田灌溉需水量。每一类型作物的灌溉需水预测主要涉及三个关键指标，即净灌溉定额、灌溉水利用系数和灌溉面积。各水平年针对每一类型作物的这三个指标，通常根据当地现状农业生产水平、发展要求和发展趋势来拟定，有时也采用趋势外推法加以确定。

（2）林牧渔业需水预测

林牧渔业需水预测包括林果的灌溉需水预测、草场灌溉需水预测、渔业需水预测和牲畜需水预测四项。

1）林果的灌溉需水预测、草场灌溉需水预测与农田灌溉需水预测类似，可以采用定额法。但一般而言，计算林果的灌溉需水量和草场灌溉需水量时可不进行分区计算。

2）渔业需水量为鱼塘补水量，是维持鱼塘一定水面面积和相应水深以及渔业养殖功能所需要补充的水量及换水水量。渔业需水量包括养殖水面蒸发渗漏所消耗水量的补充量和换水量。此外，渔业需水量也可按照定额法进行预测即用渔业面积乘以单位面积补换水定额便得到渔业需水量。单位面积补换水定额可根据鱼塘渗漏量及其水面蒸发量与降水量的差值、换水次数与每次换水量加以确定。

3）牲畜需水预测与生活需水预测类似，可采用平均日用水量法来预测。

3. 工业需水预测

工业需水预测一般分为电力行业、高用水工业与一般工业等行业。工业需水与产品种类、工业用水重复利用率、生产规模、生产设备、生产工艺与用水工艺等因素有关。有条件的地区可采用对逐个工业用水户进行统计的方法，以获取可靠的数据作为预测的基础。预测时应当充分考虑产业结构的调整和各种节水措施的采用对需水量的影响。

有时视实际情况可将行业进一步细分，根据各行业的发展趋势分别选用不同的方法来预测，最后将各行业的需水预测值求和即整个区域的工业需水量。

工业需水量预测涉及的因素较多。尽管正确地估算未来工业需水量还有诸多困难，但在研究工业用水的发展史，分析工业用水的现状和未来工业用水的发展趋势以及需水水平的变化之后，可从中总结出一些变化规律。工业需水量预测的常用方法有重复利用率提高法、趋势法、相关法、水平衡计算法和工业用水综合定额法等。

这里的工业用水定额同样可以选用万元增加值用水量、万元产值用水量，也可选用单位产品用水量等。该法直观、可靠、简便、实用。其前提假定条件是，工业生产设备和工艺在预测时段内保持不变，然而就某一工业产品而言，其产值相同、需水相同，但是生产工艺和设备总是不断地发展和进步的。所以该法预测的需水量存在一定的误差。

水平衡计算法（工业用水定额法）和重复利用率提高法的计算公式基本相同，主要区别在于系数的定义和选取上，代表工业取水定额的年均下降率，多根据趋势外推法来给定，而年均综合影响系数，可考虑科技进步工艺改进等方面的综合影响，经合理分析后确定。

水平衡计算法是目前工业需水量预测的常用方法。工业用水定额能综合反映一个地区的节约用水水平、城市缺水程度、效益低的耗水工业数量和工业发展水平等。水平衡计算法适用范围广,它既要考虑工业用水定额与工业用水重复利用率的内在联系,又要具有明确的物理概念,综合考虑生产设备更新、工艺流程改进等因素的影响,从而使需水量预测更加科学、合理。

4.建筑业需水预测

建筑业需水预测一般采用单位建筑面积用水定额法,此外,建筑业需水预测有时也采用万元增加值(或产值)用水定额法。

5.第三产业需水预测

第三产业需水预测与生活需水预测类似,此外,第三产业需水预测有时也采用万元增加值(或产值)用水定额法。

6.生态需水预测

通常,按水资源的补给功能将流域划分为河道外和河道内两部分,并以此分别计算各部分的生态需水量。河道外生态需水量为水循环过程中扣除本地有效降水后,需要占用一定的水资源量以满足植被生存耗水的最基本水量。它主要针对不同的植被类型,分析其生态耗水机理,求出生态系统改善后的所需水量。河道内生态需水量是维系河流或湖泊湿地生态平衡的最小水量。它主要从实现河流的功能以及考虑不同水体这两个角度出发,包括非汛期河道的基本需水量、汛期河流的输沙需水量,以及防止河道断流、湖泊和湿地萎缩等的需水量。

(1)河道外生态需水量计算方法

河道外生态需水量计算步骤。首先,依据一定的标准,例如地形、地质差异,径流与人为影响因子,土地利用单元等,将河道外的生态系统进行逐级分区,并识别出不同生态分区中植被(林、灌、草等)覆盖的土地类型面积;其次,参考相关国家生态实验站的草地需水实验、林地需水实验等文献资料,确定不同区域不同植被类型的蒸发量或需水定额;最后,根据不同植被类型的空间分布情况扣除其消耗的有效降雨量后,确定其消耗的水资源量或需水量,即现状条件下各种植被的河道外生态需水量。河道外生态需水量的计算方法有直接计算方法和间接计算方法。直接计算方法:以某一区域某一类型植被的面积乘以其生态需水定额,然后将各种类型需水相加,计算得到的水量即区域生态需水量。

(2)河道内生态需水量计算方法

河道内生态需水包括河道基本生态需水量、河道输沙需水量、生物栖息地维持水量以及环境纳污需水量、城市河湖需水量等。由于河道内用水在满足某一种主要需水目标时,还可兼顾其他用水要求,因此河道内的生态需水量不是上述各项分量的简单累加,而要根据它们在水循环过程中的相互关系来综合计算。我国南北方各地区由于实际情况不同,采用的计算方式也不同,例如当前北方常以河流年最小月径流量的多年平均值乘以年径流月数加以确定或采用多年平均径流量的某一百分比值。下面以河道基本生态需水量为例进行介绍。

从生态保护的角度出发。为了维持河流的基本生态功能不受破坏，一年内不同时期尤其是枯水期的水量必须维持在一定水平，以防止出现诸如断流等可能导致河流生态功能受损现象的发生，这部分需水量称为河道基本生态需水量。其计算方法到目前还没有统一，比较常用的是标准流量设定法，主要用于计算污染物允许排放量，已在许多大型水利工程的环境影响评价中得到了广泛应用。

蒙大拿法是以预先确定的河流年平均流量的百分数作为生态需水量估算的标准。该方法通常在研究优先度不高的河段中作为河流流量推荐值时使用，或作为其他方法的一种检验。对于设有水文站点的河流，年平均流量的估算可以从历史监测资料中获得；而对于没有水文站点的河流，可通过水文分析计算方法来求得。

7. 需水预测成果的合理性分析

需水预测成果的合理性分析包括发展趋势分析、结构分析、用水效率分析与人均指标分析，以及和国内外同类地区类似发展阶段的对比分析等，尤其是需要根据当地水资源承载能力，分析经济社会发展指标和需水预测成果与当地水资源条件及"三条红线"、供水能力的协调发展关系，验证预测成果的合理性与现实可能性。

其中，生活需水预测采用人均日用水定额法；农田灌溉、林果地灌溉需水预测采用灌溉定额法；牲畜需水预测采用平均日用水定额法；渔业需水量预测采用亩均补换水定额法；煤炭、电力和高用水工业需水预测采用单位产品用水定额法；一般工业需水预测采用万元增加值用水定额法；建筑业需水预测采用单位建筑面积用水定额法；第三产业需水预测采用人均第三产业用水定额法；河道外生态需水预测采用城市环境美化和单位造林面积用水定额法；鉴于本地区河道内生态需水只是维持河流基本生态功能需水，这里采用河流年最小月径流量的多年平均值乘以年径流月数加以确定。

第五节　水资源供需平衡分析

水资源供需平衡分析的基础是各规划水平年供水量和需水量的预测成果，本节在介绍供水预测的基础上，介绍水资源的供需平衡分析。

一、供水预测

（一）地表水源供水预测

地表水资源开发既要考虑续建配套、更新改造现有水利工程后可能增加的供水能力以及相对应的技术经济指标，又要考虑规划的水利工程，其重点是规划拟建的大中型水利工程的供水规模、对象和范围，以及工程的主要技术经济指标，还要考虑总量控制管理，经综合分析提出不同工程方案的可供水量、投资和效益。

地表水可供水量计算，通常是以一个完整的河流水系中各类供水工程以及各供水区所组成的供水系统为调算主体，运用水库径流调节的计算方法，按照自上游到下游，先支流后干流的顺序逐级进行调节计算。对于大型水库以及控制面积大、可供水量大的中型水库应采用长系列资料进行调节计算，结合用水总量控制线，得到各规划水平年不同保证率下的可供水量，然后将其分解，分配到不同的计算分区上，最后确定其供水范围、供水用户、供水目标与控制条件等；对于其他中型水库、小型水库和塘坝工程可简化计算，其中中型水库可采用典型年法进行调节计算，小型水库和塘坝可用兴利库容乘以复蓄系数来估算。

规划供水工程要考虑与现有供水工程的联系，与现有供水工程组成新的供水系统，按照新的供水系统进行可供水量的计算。对于双水源或是多水源用户，联合调节计算时要避免重复计算可供水量。在省（直辖市、自治区）际河流上布设新的供水工程，应该符合流域综合规划，并充分考虑工程实施后对流域下游对岸水量及供水工程的影响。以统筹兼顾上下游、左右岸各方利益为原则，合理布置新增水资源开发利用工程。

计算可供水量时，应预测不同规划水平年供水工程状况的变化趋势。既要考虑现有工程经更新改造和续建配套后新增的可供水量，又要估算工程老化、水库淤积以及因上游用水增加造成来水量减少等方面对工程供水能力的影响。

（二）地下水源供水预测

地下水源供水预测以矿化度不大于 $2g/L$ 的浅层地下水资源可开采量结合用水总量控制线分析成果，作为地下水可供水量估算的依据。对于浅层地下水资源可开采量，要考虑相应规划水平年由地表水开发利用方式和节水措施的变化所引起的地下水补给条件的变化，并相应地调整各水资源分区的地下水资源可开采量，同时以调整后的各分区地下水资源可开采量结合用水总量控制线分析成果作为地下水可供水量估算的控制条件；此外，还应根据地下水布井区的地下水资源可开采量结合用水总量控制线分析成果作为估算的依据。

由于地下水资源量、地下水可开采量和地表水的利用情况直接相关，因此在评价地下水资源量、地下水可开采量时，应该根据现状水平年和各规划水平年的具体情况分别加以计算。有条件的地下水开采区应规划人工补给工程，以便将地表水源工程无法控制的地表水尽可能多地转化为地下水，此时在计算地下水可供水量时就应考虑这一额外的补给源。应结合实际地下水开采情况，地下水资源可开采量以及天然和开采后地下水的动态特征，经综合分析，确定尚有开采潜力的地下水分布范围和新增可开采资源量。结合用水总量控制线进行分析，提出在现状开采水平的基础上可进一步增加的地下水源供水区和可供水量。地下水可供水量与当地地下水资源可开采量及用水总量控制线，机电井的提水能力、开采范围，用户的需水量等因素有关。

在预测区域地下水可供水量的同时，应对区域地下水超采区进行单独的供水预测，根据超采程度以及引发的环境灾害情况，可将地下水超采区划分为严重、较严重、一般三类。禁采、压采、限采是控制和管理地下水超采的具体措施。禁采措施一般在严重超采区实施，属终止一切开采活动的举措；压采、限采措施一般在较严重超采区实施，属于强制性压缩、限制现有实际开采量的举措；一般超采区，要采取措施严格控制地下水的开采量。禁采区、压采区、限采区以及严格控制区与相应的超采区范围是一致的。地表水和地下水之间存在着复杂的转换关系，有些地区地下水的开发利用，将增加地表水向地下水的补给量（如坎儿井、山丘区侧向补给，傍河河川径流补给）。这些地区只有在地下水开采量超过当地地下水可开采量与增加的地表水补给量之和时，才为地下水超采区。

在供水预测中，还应充分考虑到当地政府已经和将要采取的措施，对于近期无其他替代水源的一般超采区（或压采、限采区），在保持地下水环境不再继续恶化或是逐步有所改善的前提下，近期可适当开采一定数量的地下水。划定地下水供水区和确定地下水供水量后，在现有地下水工程的基础上，应提出对现有地下水工程的更新改造、续建配套，以及规划地下水工程的规划成果，并提出与之相应的布局、安排和投资建议。

（三）其他水源供水预测

其他水源利用主要是指参与水资源供需分析的雨水集蓄利用、微咸水利用、污水处理回用、海水利用与深层承压水利用等。

1. 雨水集蓄利用

雨水集蓄利用：工程主要是指收集和储存屋顶、场院、道路与坡田等场所的降雨或径流的微型蓄水工程，包括水窖、水池、水柜与水塘等，也称为集雨工程。通过调查，分析现有集雨工程的供水量及其对当地河川径流的影响，可以提出对象领域不同水平年集雨工程的可供水量。

雨水集蓄利用工程一般包括汇集、蓄存和利用三部分，这三个方面互相衔接，构成完整的雨水集蓄利用系统。雨水集蓄利用技术与工程主要有城市雨水集蓄利用工程、人畜饮水工程和农业灌溉利用技术与屋顶集水技术等。

（1）城市雨水集蓄利用工程

城市雨水集蓄利用工程由汇集工程、蓄水工程、处理工程（简单处理）和利用工程组成。该工程可利用雨水资源量的主要影响因素有降水量、集水面积、集流效率，城市管网雨水收集率和雨水回用可利用率。

由于一定降水的发生都有不同频率，与此相对应也有不同频率下的雨水集蓄量、根据对象领域的实际情况，合理确定现状与各规划水平年的集水面积、集流效率、城市管网雨水收集率、雨水回用可利用率等参数。根据测试，不同质地路面（如混凝土、沥青路面等）的集水效率是不同的，不同频率降水量下的集水效率也是不同的。多年平均年降水量变化在 300~400mm 时，不同频率降水量下，分别有不同的综合集流效率。

（2）人畜饮水和农业灌溉利用技术

人畜饮水和农业灌溉利用技术主要是农村小型人畜饮水工程和农业灌溉技术，其可以利用雨水资源量与城市雨水集蓄利用工程计算方法。

（3）屋顶集水技术

屋顶集水技术是一个古老而又崭新的话题。在很多情况下，人们利用石板瓦、镀锌铁皮、黏土瓦与石棉瓦等做成的屋顶收集相对干净的雨水，但是这也只是相对的，一般水质很难保证。

2. 微咸水利用

微咸水（矿化度 2~3g/L）一般可用作农业灌溉用水的补充，在一些淡水特别缺乏的地区，对于矿化度超过 3g/L 的咸水有时也可与淡水混合利用。我国北方的部分平原地区，广泛分布着微咸水，可以利用水量也较大，合理有效地开发利用这些地区的微咸水对缓解区域水资源紧缺具有积极的作用。

在对微咸水的分布及其可采区域和需求进行调查分析的基础上，综合评价微咸水的开发利用潜力，进而提出各地区不同水平年微咸水的可利用量。其预测方法同地下水源供水预测方法。

3. 污水处理回用

城市污水经集中处理后，在满足一定水质要求的情况下，可用于农业灌溉或者是生态建设等方面。对缺水较严重的城市污水处理回用对象可扩大到水质要求不高的工业用水、生态用水和市政用水，例如工业冷却用水、城市绿化和冲洗马路用水等。针对各规划水平年，应结合各行业需水预测结果，考虑到不同水平年污水回收、处理和利用水平的逐步提高，综合计算污水可回用量。城镇主要污水源有生活污水、工业废水、建筑业废水、第三产业污水和城市绿化（河道外生态用水）废水。

4. 海水利用

海水利用包括海水淡化和海水直接利用两种方式，应该分别进行统计分析与预测，其中海水直接利用量应折算成淡水替代量。预测海水可利用量时，具备的条件和各种技术经济指标，在此基础上，进一步了解国内外海水利用的进展和动态，并估计未来科技进步的作用和影响，根据需求和具备的条件分析不同地区、不同时期海水利用的前景和潜力。一般而言，可根据需要和可能提出各规划水平年两套海水利用方案：一套是正常发展情景下的海水利用量，简称基本利用方案；另一套是考虑科技进步、增加投资力度，加大海水利用程度情景下的海水利用量，简称加大海水利用方案。海水利用多以有条件的沿海城市或极其缺水的地区为单位进行分析计算，并按照计算分区进行汇总。

5. 深层承压水利用

深层承压水利用应在分析深层承压水分布补给和循环规律的基础上，综合评价其可开采潜力。在严格控制其可开采资源量和可开采范围的基础上，提出各规划水平年深层承压水的可供水量。

（四）总供水量预测成果

不同规划水平年各分区的总供水量为原有供水工程和新增水源工程中扣除供水工程之间相互调用水量后所能提供的供水总量。新增水源工程中挖潜配套所增加的供水量，不能直接作为对象领域总供水量的增加值，必须在扣除供水工程之间的相互调用水量后，经调节计算重新核定可供水量，方能与分区的其他供水量相加。

二、水资源供需平衡分析方式与成果检验

（一）三次平衡分析方式

通常，供需平衡分析采用三次平衡分析方式，主要内容如下：

1. 一次平衡

需水分析时应考虑人口的自然增长速度、城镇化程度、经济社会发展和人民生活水平的提高程度等方面；供水分析时应该考虑到流域水资源的开发利用现状及其格局，并能够充分发挥现有供水工程的潜力。

2. 二次平衡

应强化节水意识，提高污水处理回用力度，注意挖潜配套相结合，以合理提高水价。以调整产业结构等方式来有效抑制各用水方的需求，同时也要注重环境的改善。

3. 三次平衡

应加大产业结构和布局的调整力度，进一步强化群众的节水意识；当具有跨流域调水的可能性时，可通过跨流域调水来解决水资源供需平衡问题。

（二）成果检验

对水资源供需分析的计算成果要检验其合理性和精度。通过综合研究与分析，结

合各流域或区域特点制定一套合理的成果检验方法，并建立与之相对应的指标体系，对主要成果进行分析计算和统计，评价成果的可靠性。

现以内蒙古自治区鄂尔多斯市达拉特旗为例。根据各优化水平年不同用水行业需水量及不同保证率下各水源工程供水量的预测结果，对达拉特旗水资源供需平衡进行初步分析。其中，生活和河道内生态的需水保证率为98%（实际为97%，为了突出其优先级别），电力工业、采掘业和高用水工业的需水保证率为97%，一般工业、建筑业和第三产业及河道外生态的需水保证率为95%，农业需水的保证率为75%，通过三次平衡分析后，整理成不同保证率下的需水量和供水量预测成果，根据2020年需水量，对2030年需水量进行分析预测，预测结果见表3-1所示。

表3-1　达拉特旗各优化水平年不同保证率下的水资源供需状况（单位：万 m³）

方案	项目	优化水平年	$i=75\%$	$i=95\%$	$i=97\%$	$i=98\%$
现状供用水水平	需水量	2020 年	63720.5	23812.9	18567.1	2563.4
		2030 年	66032.8	26007.3	21530.4	3367.5
	供水量	2020 年	48550.7	48058.2	47986.5	47900.8
		2030 年	48550.7	48058.2	47986.5	47900.8
实施节水、优化工程措施	需水量	2020 年	56230.2	18219.3	15391.0	2237.1
		2030 年	59406.6	22074.9	18477.2	3062.2
	供水量	2020 年	56246.4	54598.0	50951.3	50503.9
		2030 年	61114.2	59401.7	55103.2	54638.0

从表3-1可以看出，在现状供用水水平下，75%保证率下的供水不能满足需水要求。通过三次平衡后，在实施节水措施、调整产业结构、控制经济发展速度和新建各优化水源工程的条件下，各保证率下供水都能满足基本需水要求。尽管水资源从供需总量来看，是基本平衡的，但需要在不同水源地和各用水户之间进行水资源的合理配置，以实现水资源、经济社会、环境协调可持续发展及效益最优目标。

第六节　水资源合理配置

一、水资源合理配置的目标与原则

水资源合理配置的最终目标是保障水资源可持续利用和区域可持续发展。水资源合理配置的原则概括为以下几点。

（一）可承载原则

社会、经济、资源和环境协调发展的前提是不破坏地球上生命支撑系统（如空气、水、土壤等），即发展应该处于水资源可承载的最大限度之内或是社会管理所设定的限度内，以便保证人类福利水平至少处在可生存的状态之中。

（二）可持续性原则

水资源合理配置应体现可持续原则，不仅要考虑到当代人，而且要顾及后代人，即维持自然生态系统的更新能力，实现水资源的可持续利用。

（三）人口、土地、生态环境用水优先保障原则

人是经济社会发展的主体推动者，土地是农业生产保障人类生存基本口粮的根本，人类的生存离不开粮食，离不开生态环境。保障人口、土地、生态环境用水是根本，必须放在优先保障的位置。

（四）开源与节流并重原则

开源和节流是解决水资源需求的两条基本途径，在建立水资源合理配置模型时，要体现开源和节流并重的原则。过去，人们对开源比较重视，常常靠兴修水利工程和设施、开发新水源来增加水资源供给能力。但是在水资源相对贫乏、现状水资源开发利用率很高的地区，水资源开发利用潜力不大，尤其是对供水能力已超过水资源可承载能力的地区，此时开源已不可能，只能靠节流。

（五）开发和保护相结合原则

在制订水资源配置方案时，应尽可能将废污水的排放减少到最低程度，将其保持在污染物排放总量控制线之内，实现水资源开发和保护相结合。

（六）兴利和除弊相结合原则

在进行水资源合理配置的同时，一定要关注历史和现在的水灾情况，并与未来可能出现的水灾情况相结合。

（七）综合效益协调最优原则

水资源合理配置应以水资源承载力及总量控制管理为基础，以自然规律为准则，保护自然环境，改善和提高生活质量，实现资源、环境和经济社会协调可持续发展，追求经济效益、社会效益与环境效益的协调最优。

二、水资源合理配置的内容及流程

（一）水资源供需初步分析

通过对基准年和未来各规划水平年水资源供需的初步分析，可以弄清水资源开发利用过程中存在的主要问题，合理地调整水资源的供需结构和工程布局，确定需水满足程度、余缺水量、缺水程度与水环境状况等指标。辨别各分区内挖潜增供、治污节水与外调水边际成本的关系，明确缺水性质（资源性、工程性和环境性缺水）和缺水原因，确定解决缺水的措施及其实施的优先次序，为水资源配置方案的生成提供基础信息。

（二）水资源配置方案的生成

1.方案可行域

根据各规划水平年的需水预测、供水预测、节约用水与水资源保护等成果，以供水预测的基本方案和需水预测的基本方案相结合作为方案集的下限；以供水预测的强化方案和需水预测的强化节水方案相结合作为方案集的上限。方案集上、下限之间为方案集的可行域。方案设置在方案集可行域内，针对不同流域或区域存在的供需矛盾等问题如工程性缺水、资源性缺水和环境性缺水等，结合现实可能的投资状况以方案集的下限为基础，逐渐加大投入，逐次增加边际成本最小的供水与节水措施，提出具有代表性、方向性的方案，并进行初步筛选，形成水资源供需分析计算方案集。方案的设置应依据流域或区域的社会、经济、生态和环境方面的具体情况，有针对性地选取增大供水、加强节水等各种措施组合。如对于资源性缺水地区，可以偏重于采用加大节水以及扩大其他水源利用量的措施，提高用水效率和效益；对于水资源丰沛的工程性缺水地区可侧重加大供水投入；对于因水质较差而引起的环境性缺水，可侧重加大水处理或污水处理回用的措施和节水措施。可以考虑各种可能获得的不同投资水平，在每种投资水平下根据不同侧重点的措施组合得到不同方案，但对加大各种供水节水和水处理治污力度时所得方案的投资需求应与可能的投入大致相等。

2.方案调整

在水资源供需分析及其计算方案比选过程中，应该根据实际情况对原设置的方案进行合理的调整，并在此基础上继续进行相应的供需分析计算，通过反馈最终得到较为合理的推荐方案。方案调整时，应该根据计算结果，将明显存在较多缺陷的方案予以淘汰；对存在某些不合理因素的方案可进行一定有针对性的修改。修改后的新方案再进行供需分析计算，若结果仍有明显不合理之处，则是通过反馈再进行详细调整计算。

（三）水资源合理配置模型及其求解

水资源系统是一个复杂而又庞大的系统。在人类活动未触及之前，它是一个天然系统，其降水补给、产流、汇流、径流过程以及地表水与地下水转化等作用都是按照自然规律来进行的。此时的水资源系统是一个自然的水循环过程。而在人类活动的逐步影响作用下，水资源系统（包括水资源系统结构、径流过程以及作用机理等）被人为改变了，这就使原来的水资源系统更加复杂。

按照水资源系统过程，可将其分为水资源配置系统和水资源循环系统。水资源配置系统以人类的水事活动为主体，它是自然、社会诸多过程交织在一起的统一体，其建立了自然的水资源系统与经济社会系统之间的联系。水资源配置系统一般由四部分组成：供水系统，包括地表水供水系统、地下水供水系统和其他水源供水系统；输水系统，包括输水河道、输水渠道、输水管道等；用水系统，包括生活用水、农业用水、工业用水与生态用水等；排水系统，包括生活污水排放、工业废水排放、农业灌溉排水以及其他排水等。

水资源循环系统以生态系统为主体，它包括水资源的形成、转化等过程，是水资源系统能够为人类提供持续不断的水资源的客观原因。

水资源合理配置就是运用系统工程理论将区域或流域水资源在不同规划水平年各子区、各用水部门间进行合理分配，也就是要建立一个有目标函数、有约束的优化模型。

首先，需要划分子区，确定水源途径用水部门、用水户的水资源合理配置问题。其次，要确定模型的目标。通常情况下，水资源合理配置模型追求社会、经济和环境综合效益协调最优。

目标1：社会效益

社会效益不易度量，而区域缺水量大小直接影响社会的发展和安定，是社会效益的一个侧面反映。因此可以用区域总缺水量最小来间接反映社会效益目标。

目标2：经济效益

用供水带来的直接经济效益来表示。

目标3：环境效益

环境效益多与水环境问题相联系，可用废污水排放量最小来衡量。通常，可选择重要污染物的最小排放量来表示。

由于水资源系统的复杂性与经济社会的紧密联系性以及水资源合理配置的多目标性，水资源合理配置模型的约束条件很多，只有将约束条件考虑全面，才能建立合理的模型，所得结果才可以实行。对于约束条件的选取，一方面要从水资源配水系统的各个环节分别进行分析，另一方面可从社会、经济和环境协调方面进行分析。

每个对象领域都有自己的实际情况，对于上述约束条件未涉及的情况，可根据具体情况另增加其他约束条件，例如经济社会规模约束、环境约束、风险约束、投资约束、河道最小流量约束、湖泊与湿地最低水位约束、地下水位最低约束等。

前述目标函数和约束条件组合在一起便形成了水资源合理配置模型。该模型是一个十分复杂的多目标、多水源、多用户的优化模型，模型的求解可采用大系统理论方法、遗传算法和计算机模拟技术等。

最后，通过计算即可得出不同方案的可行配置结果，进而生成可行配置方案集。

（四）应用实例

内蒙古自治区通辽市科尔沁区是一个水资源开发利用问题较为突出的区域，以该区域为例，建立水资源合理配置模型，对各规划水平年进行合理分配水资源。

1.水资源供需现状分析

（1）水资源开发利用程度

地表水开发利用程度：科尔沁区地表水只有水库调水。现地表水资源可利用量为19 560.0 万 m³，现状年地表水供水量为 16830.0 万 m³，95% 保证率下水资源开发利用程度为 86.4%。

地下水开发利用程度：科尔沁区多年平均地下水资源量为 60176.0 万 m³，地下水可开采量为 48860.0 万 m³，年地下水开采量约为 61326.8 万 m³，部分地区地下水处于超采状态。

总水资源开发利用程度：科尔沁区水资源可利用总量为 68420.0 万 m³，年开发利用总量约为 78156.8 万 m³，总水资源开发利用程度为 14.2%，处于过度开发状态。

（2）现状供用水存在问题分析

通过实地调查与分析，发现科尔沁区现状供用水主要存在以下几个问题。

1）污水回收率、处理率仍有提升空间。科尔沁区城区扩建速度较快，但是污水收集管网完善速度跟不上，导致污水回收率相对较低，应加快管网完善速度，不断提高污水回收率。此外，科尔沁区所有工业和生活污水大部分进入科尔沁区第一和第二污水处理厂，虽然目前处理能力相对较高但仍有部分污水未经处理被用于灌溉。这样不仅造成周围地下水污染以及环境污染，而且也没有被回收利用，造成水资源的流失。因此，应该进一步优化污水处理流程，不断提高污水处理回用力度。

2）地下水开采井密度大，地下水超采。科尔沁区用水大部分为地下水，地下水开采井数量多、密度大，井距较小，造成部分地区超采，水位持续下降。因此，应充分考虑该地区地下水资源的实际状况，在有效合理布井的同时，可持续利用地下水。

3）地表水未得到充分利用。水库调水前仍未充分利用，应加大使用力度，降低地下水使用压力。

4）工业用水浪费。科尔沁区工业浪费水现象比较普遍，特别是电力、高用水工业用水存在浪费严重，因此建议大部分企业进一步改善工艺流程，不断提高工业用水的重复利用率，尽量减少水资源的流失，提高水资源的利用效率。

2. 水资源供需初步分析

供需水预测及供需平衡分析方式。根据科尔沁区各规划水平年需水量及不同保证率下不同水源工程供水量的预测结果，对科尔沁区水资源供需平衡进行初步分析发现，在未来各类供水水源工程建设实施的前提下，在大力实施节水措施调整产业结构和经济发展速度的情况下，各种保证率下的供水均能满足需水要求。尽管如此，这也只是供水保证率综合状态下的一种表现，在实际用水过程中，由于行业用水水源的不同需求，需要对各水源地和用水单元之间进行水资源的合理配置，以实现水资源的可持续利用及社会、经济和环境效益的协调最优目标。

3. 水资源合理配置方案

科尔沁区大部分行业用水主要依靠地下水，无秩序、不合理地开采地下水资源，导致部分地区的地下水已经超采，因此控制未来用水在用水总量控制线以内，同时尽最大可能发挥出水资源的利用效率和效益是水资源配置的主要目标。

在配置过程中力求实现对科尔沁区内各种水源的统一调配和联合运用。如今，科尔沁区地表水资源仍有开发潜力，为了减少地下水资源的开采应充分利用水库调水；其次，为了改善水环境和保护水资源，应加大污水处理回用力度，同时将中水用于对水质要求不高的工业和河道外生态建设等行业；而后，回用城市雨水，用于河道外生态建设；最后使用地下水，用于生活、农业、建筑业、第三产业及部分对水质要求较高的一般工业。

从上面各规划水平年的水资源配置方案可以看出，在充分节水调整产业结构、控制经济发展速度，以及各规划供水工程得以实施的情况下，到2030年在保障人类生活和生态用水的同时，各行业用水可以得到合理保障，水资源配置方案合理可行。在工业用水中，大部分工业使用地表水和污水经处理后可回收利用中水，食品行业用水水质要求较高，使用地下水、河道内生态用水由水库调水来解决。用水总量被控制在地区用水总量控制线以内，地下水位得以逐步恢复，环境状况不断改善，可实现水资源的恢复及可持续利用，并支撑经济社会可持续发展。

第七节　水资源规划方案的比选与制订

一、规划方案比选与制订的基本要求

规划方案的比选与制订是水资源规划工作的最终要求。规划方案多种多样，每个方案都产生自己的效益，方案之间效益不同，优缺点也各异。到底采用哪种方案，一般需要结合实际情况经综合分析来确定。因此，水资源规划方案比选与制订是一项十分重要又复杂的工作，在比选与制订过程中，应考虑满足以下基本要求：

1. 必须满足技术可行的要求

水资源规划方案中，规划出许多的工程措施，这些工程只有在技术上得以保障实施，才可以达到规划方案的效益。如有部分工程在技术上不可行导致实施困难或不可实施，就会影响规划方案的整体效益，使规划方案得不到完全实施。

2. 必须满足经济可行的要求

水资源规划方案中，工程的实施需要经济条件的保障，工程投资过大，超过区域经济可承受能力，就会导致工程得不到实施，因此必须将工程投资限定在区域经济可承受范围之内。

3. 规划方案应能满足不同发展阶段经济发展的需要

在制订水资源规划方案时，应针对地区实际情况和具体问题采取相应的措施。如对于工程性缺水，则需要主要解决工程问题，尽最大限度把水资源转化为生产部门可以利用的可供水源；对于资源性缺水，则主要解决资源问题，可实施跨流域调水工程等以增加本区域的水资源量。

4. 要协调好水资源系统空间分布与水资源合理配置空间不协调之间的矛盾

水资源系统在空间上的分布随区域地形、地貌、水文地质及水文气象等条件的变化而变化，并有较大的差异。而区域经济的发展状况多与水资源系统的空间分布不相一致，因此在进行水资源合理配置时，必然会出现两者不协调的矛盾。这就要求在制订水资源规划方案时予以考虑。

只有在满足上述基本要求后，制订出的水资源规划方案才合理可行。但规划方案不止一个，一些方案都满足上述条件，都是合理可行的。因此需要在这些方案之中选择一个较优方案，到底选择哪一个，需要深入分析和研究。选择较优方案的途径主要是通过建立和求解水资源合理配置模型，最后从合理可行的这些方案中选择综合效益最大的方案。

二、规划方案涉及的内容

水资源规划的研究内容广泛，最终的规划方案涉及众多方面的内容。总结起来，制订的规划方案应该涉及社会发展规模、经济结构调整与发展速度、水资源配置，水资源保护规划等方面。

（一）社会发展规模

水资源规划不仅仅针对水资源系统本身，实际上它还涉及社会、经济和环境等多方面。在以往的流域规划中，常常要求对规划流域和有关地区的经济社会发展与生产力布局进行分析预测，明确各方面发展对流域治理开发的要求，以此作为确定规划任务的基本依据。不同规划水平年的经济社会发展预测应在国家和地区国土资源规划、国民经济发展规划和有关行业中长期发展规划的基础上进行。要求符合地区实际情况，并且与国家对规划地区的治理开发要求和政策相适应。简单地说，也就是在制订水资源规划方案时，考虑规划区域经济社会发展规划，以适应经济社会发展的需要。实际上却并非如此简单，经济社会发展与水资源利用生态系统保护之间相互交叉、相互促进、互为因果。

1. 人口规划

人口是构成一个地区或一个社会的根本因素，也可以说，人口是研究任何一个地区或社会所有问题的非常重要的驱动因子。因此，人口规划是社会发展规划中的一个基础性工作。人口问题一直是影响经济社会可持续发展的主要因素。在水资源规划中适度控制人口增长。不仅会减小社会发展对水资源产生的压力，而且会促进区域经济社会的可持续发展和改善环境质量。

人口规划，是以水资源规划前期工作——经济社会发展预测成果为基础，根据水资源配置方案的要求，对经济社会发展预测成果进行合理调整，从而制订合理的人口规划。另外，也可以通过水资源优化配置模型直接得到。这种方法是依据一定的人口预测模型，并在一定约束条件下，满足经济社会可持续发展的目标要求和条件约束。也就是说，在水资源优化配置模型中，包括人口预测子模型，通过模型求得人口发展规划方案。

2. 农村发展规划

农村是经济社会区域内农业占主要地位的活动场所，在经济活动中，它是构成国民经济第一产业的主要部分。农村发展规划的主要内容有农业生产布局、农村土地利用和农业区划、农村乡镇企业规划。

3.城镇发展规划

城市作为人口和经济高度集中的地区，在整个经济社会发展中起到了重要的作用。研究城市的发展趋势并做好城市发展规划工作，将会带动整个区域经济的发展。因此，城镇发展规划是一项十分重要的工作，其主要内容包括城市化进程、城市土地利用和城市体系建设。

（二）经济结构调整与发展速度

我国已经根据社会生产活动的历史发展顺序，划分出三类产业，即第一产业（农业）、第二产业（工业和建筑业）和第三产业。

第一产业：农业。农业作为基础生产力，不仅是农村生活的保障，而且是广大城镇人民所需粮食、蔬菜等基本生活资料的来源，是社会生活安定的基本保障。农业又是工业原料的重要来源，也是国民经济积累的重要来源。

第二产业：工业和建筑业。工业是国民经济的支柱，是国家财政的主要来源，是国民经济综合实力的标志。建筑业创造不可移动的物质产品，可以带动建材工业及其他许多相关产业的增长。

第三产业：第一、第二产业以外的其他部门。第三产业为物质生产部门提供支持，为提高人民生活质量提供服务，为经济发展提供良好的社会环境，是国民经济中越来越重要的组成部分。

在进行水资源规划时，需要按照国家编制的统计资料，并结合地区和行业不同特点，可以重新对行业进行归并和划分，分别统计分析，以满足用水行业配水的要求。对于水资源规划工作，最终报告要提出的关于经济规划部分的相关成果，至少要包括以下内容：对三类产业的总体规划。主要确定三类产业在国民经济建设中的比重，指出重点发展哪些产业，重点扶持哪些产业。明确三类产业的总体布局和结构，实现经济结构合理的发展模式；对各行业发展速度进行宏观调控。对部分行业（如对低耗水、低污染行业）或部门进行重点支持，合理提高发展速度；对部分行业（如对高耗水、高污染行业）或部门实行限制发展或取消，以逐步适应发展需要。

调整经济结构和发展速度的基础，应是在水资源规划总体框架下，通过水资源优化配置，在一定约束条件下，满足社会、经济和环境综合效益最大的目标。因此，调整经济结构和发展速度规划的一般步骤是：合理划分经济结构体系，也就是产业类型及行业划分，并分别统计和分析作为选择水资源规划模型决策变量的依据，这也是调整经济结构和发展速度的参考因素；建立经济发展模型，并与社会发展模型相耦合，建立经济社会发展预测模型。作为系统结构关系约束条件，嵌入水资源优化配置模型中；依据水资源优化配置模型的求解结果，按照经济系统的决策变量，并参考本地区国民经济和社会发展计划，合理调整经济结构和各行业发展规模和速度。

（三）水资源配置

水资源配置方案的确定是水资源规划的中心内容。一方面，其内容是为水资源配置方案的选择及制订服务；另一方面，又通过水资源配置方案的制订来间接调控经济社会发展和生态系统保护。这是可持续发展目标下的水资源规划的研究思路，与以往的水资源规划有所不同。

建立水资源合理配置模型的方法，这是制订水资源配置方案的基础模型。其基本的研究思路和过程介绍如下：根据研究区的实际情况，制订水资源规划依据、具体任务、目标和指导思想。重点要体现可持续发展的思想；了解经济社会发展现状和发展趋势，建立由经济社会主要指标构成的经济社会发展预测模型，对未来不同规划水平年的发展状况进行科学预测；分析研究区水资源数量、水资源质量和可供水资源量，并建立水量水质模型来作为研究的基础模型；建立水资源合理配置模型，经济社会发展预测模型、水量水质模型均应包括在水资源优化配置模型中；通过合理配置模型的求解和优化方案的优选，来制订水资源规划的具体内容。制订水资源配置方案是水资源规划的重要工作。它应该是在水资源优化配置模型的基础上结合研究区实际，制订分区、分行业、分部门、分时段（根据解决问题的深度不同来选择详细程度）的配置方案。

（四）水资源保护规划

由于人类不合理地开发利用水资源，在水资源保护问题上重视不够，目前水资源问题十分突出。就是这种情况迫使人们重视起水资源的保护工作，也使水资源保护规划工作从开始重视到逐步实施，以至目前成为水资源规划不可或缺的一部分。

总体来看，水资源保护规划是在调查分析河流湖泊、水库等水体中污染源分布、排放现状的基础上，与水文状况和水资源开发利用情况相联系，利用水量水质模型，探索水质变化规律，评价水质现状和趋势，预测各规划水平年的水质状况，划定水功能区范围及水质标准，按照功能要求制订环境目标，计算水环境容量和与之相对应的污染物削减量，结合污染物入河总量控制线，将其分析成果分配到有关河段、地区、城镇，对污染物排放实行总量控制。同时，根据流域（或区域）各规划水平年预测的供水量和需水量，计算实施水资源保护所需要的生态需水量，最终提出符合流域（或区域）经济社会发展的综合防治措施。这一工作已成为维系水资源可持续利用的关键。

水资源保护规划的目的在于保护水质，合理地利用水资源，通过规划提出各种措施与途径，使水体不受污染，以避免影响水资源的正常用途，从而保证满足水体主要功能对水质的要求，并合理、充分地发挥水体的多功能用途。

进行规划时，必须先了解被规划水体的种类、范围、使用要求和规划的任务等，并把水资源保护目标纳入水资源优化配置模型中，再通过配置模型的求解和优化方案的选择，得到水资源保护规划的具体方案，从而制订水资源保护规划。

第四章　水资源数字化管理系统

水资源管理技术与信息技术密切结合，是水资源管理发展趋势之一，也是水资源管理的重要领域，水资源数字化管理正是在此基础上应运而生的。水资源数字化管理的本质还是水资源管理，但通过网络和信息技术的"武装"，将计算机、通信、网络和人工智能等和传统的水资源管理手段相结合，大大地提高数据的处理与分析能力，从而提高管理效率和效益。

第一节　水资源数字化管理概述

一、数字化管理概述

随着信息时代、网络时代的到来，数字化管理成为现代管理的基本模式。数字信息，即通常所说的数据，是数字化管理的基础。所谓数据，就是利用一定的信息技术原理，将各种复杂多变的相关信息转化为可以度量的数字或符号形式，通过适当的数字化模型，将这些数字或符号转化为一系列可供计算机识别处理的二进制代码，引入计算机内部，进行分析和处理。数字化管理是指利用计算机、通信、网络、人工智能等技术，量化管理对象与管理行为，实现计划、组织、协调、服务、创新等职能的管理活动和管理方法的总称。数字化管理的本质就是将现代化管理思想、管理方法、管理技术数字化，通过信息技术、网络技术进行各项管理活动，从而全面提高管理的效率和效益。随着信息技术和网络技术的不断发展和日益完善，数字化管理已经成为现代管理的基本理念，并在国民经济各行各业得到充分的开发和应用。企业的管理决策，国家和政府公共事务管理以及各种资源开发、利用、管理等都已经开始采用数字化管理系统进行管理。

二、水资源数字化管理内容与意义

水资源系统是一个结构复杂的开放系统，本身又由许多子系统组成，不同的水资源系统间相互依存、相互制约，关系十分复杂。水资源系统不仅在社会、经济和环境三大系统内交错运行，同时，这三大系统也包含了不同的水资源系统。水资源管理是一项复杂的系统工程，其内容十分广泛，对水资源系统的管理涉及社会、经济和环境的许多内容，包括水资源数量、水资源质量、供水、用水、水环境、水工程管理以及水资源权属管理等多个方面。随着社会经济持续发展，水资源危机日渐突出，客观上对水资源管理提出更高的要求，需要我们更加精确地进行水资源管理，实现水资源的优化配置使用。要达到现代水资源管理的目标要求，需要收集和处理的水资源系统越来越多。显而易见，在复杂庞大的各种信息中及时得出处理结果，并提出合理的管理方案，应用传统的管理方法很难达到要求。因此，现代水资源管理同样需要数字化管理。随着现代信息技术的不断发展，计算机技术、网络技术、"3S"技术、数据库技术等信息技术不断在水资源管理中得到应用，实现了水资源的现代化目标，使水资源系统管理实现数字化。

水资源数字化管理就是指将数字化管理的思想应用于水资源管理中，借助于"3S"技术、计算机、多媒体、网络等现代信息技术对各类水事活动进行数字化管理。借助于水资源数字化管理信息系统，可以实现及时准确地收集、存储和处理大量的水资源信息，可以实现远距离同步的信息传输和共享，模拟各种复杂的水系统可能发生的突发事件。水资源数字化管理包括水资源（水量、水质等）的监测、传输、分析、处理，借助数学模型进行水资源的合理配置以及运用自动化控制机制对水资源管理进行实时的远程控制和管理。水资源数字化管理还包括各种水政管理的信息化和自动化，如实现水资源资费管理的数字化、工农业用水管理的数字化、生活用水管理的数字化等。

水资源数字化管理是实现水资源可持续开发利用的基础，实现水资源数字化管理具有如下几点意义。

1. 水资源数字化管理有助于实现水资源优化配置

随着我国经济高速发展、人口持续增加以及城市化进程的加速，对水资源的需求不断增加，加剧了我国水资源的短缺，尤其是在广大的北方地区，水资源已经成为制约经济社会发展的重要因素。加强水资源管理，做好水资源的优化配置，提高水资源的利用效率，建设节水型社会，是今后水资源管理的基本任务。水资源数字化管理有利于提高流域和区域内水资源调度的科学性和精确性，是做好水资源管理和优化配置工作的重要技术支撑。

2. 水资源数字化管理有助于提高水行政管理能力和公共服务水平

水资源数字化管理有助于促进政府职能转变、增强管理的科学性和有效性、提高办事效率。进入21世纪，政府的管理工作从以微观的直接管理为主转变为以宏观的间接管理和服务为主。对水行政主管部门来说，做好水资源的优化配置，不仅要依靠行政、法制、经济手段，而且要注重科技手段。信息技术的广泛应用可以增强政府工作的公开性和透明度，促进水行政管理制度改革，规范政府行为。

3.水资源数字化管理有助于为全社会提供水利信息服务

水资源数字化管理实现了水资源信息资源共享，从而为全社会提供方便、快捷的水利信息服务。水资源是国民经济和社会发展的重要基础，离开水资源信息，农业、林业、交通及旅游等许多国民经济部门和行业都难以做到科学规划和决策。因此，水资源信息对于保证国民经济的健康发展十分重要。推进水资源信息化，使水资源信息资源共享，有利于国民经济其他部门和行业享受更为方便、快捷的水资源信息服务，对促进国民经济的持续、快速和健康发展具有非常重要的意义。水资源信息化对于建立节水型农业、节水型工业和节水型社会，推进城镇化进程十分有必要，有着特别重要的意义。

4.水资源数字化管理有助于提高各级防汛抗旱指挥部门的管理水平

水资源数字化管理有助于加强水资源灾害管理的能力，提高预测和防治各类水旱灾害的水平。信息是预防各类水资源灾害的基础，水资源数字化管理实现了水资源灾情信息的迅速采集和传输，并通过数字化模拟功能及时对其发展趋势做出预测和预报，有助于正确分析、判断防汛抗旱形势，科学地制订防汛抗旱调度方案，提高各级防汛抗旱指挥部门防治洪涝干旱灾害的决策和管理水平。

第二节 "3S"技术与数字水资源

一、"3S"技术及其集成

(一)GIS

GIS是通过计算机技术对各种与地理位置有关的信息进行采集、存储、检索、显示和分析。通过各种途径（遥感、测绘、调查、测量、统计等）得到的信息都可以通过GIS建成一个数据库。随着网络技术的日益成熟，同一地区的不同信息系统之间以及不同地区的同类信息系统之间开始联通和兼容。地理信息系统和网络结合，发展成了基于网络的地理信息系统，即WebGIS。地理信息系统是一个有组织的硬件、软件、地理数据和人才的集合，一般认为由四部分组成。描述地球表面空间分布事物的地理数据：包括空间数据和属性数据，空间数据的表达一般可以通过三维坐标或地理坐标（经纬度及高程）以及数据间的拓扑关系等方式；属性数据是描述实体属性的数据，如水资源的质量、权属、用途等属性。硬件：指收集、分析、处理数据所需的硬件，如工作站、微机、数字化仪、扫描仪以及自动绘图仪等。软件：对空间数据进行管理和分析的各种软件。管理和使用地理信息系统的人：地理信息系统从设计构建、管理、运行到分析决策以及问题的处理均需要地理信息系统的专业人才。一般而言，地理信息系统具有以下四项功能。

1. 数据采集和编辑功能

地理信息系统的核心是地理数据库，建立地理信息系统的第一步就是将地面上的实体数据按空间数据和属性数据分解输入数据库，并由数据库管理系统进行进一步的数据编辑和处理。

2. 地理数据库管理功能

地理数据库包含的数据是十分庞大的，利用这些数据必然要求对其进行各种管理，包括数据定义、数据库建立和维护、数据库操作以及数据通信等功能。

3. 制图功能

地理信息系统具有极强的数字化制图系统，它既可以提供包含全部信息的全要素地图，也可以根据实际需要提供专题地图，例如行政区划图、水资源分布图、植被图等。由于地理信息系统能够实现数据及时更新，因此，其提供的数字地图同样可以实现及时更新。

4. 空间查询和空间分析功能

地理信息系统可以通过对空间关系的分析获取派生的新信息和新知识，并可根据分析结果进行相关内容的预测。地理信息系统提供的专业分析模块可以进行各类专题分析。

（二）RS

遥感是一种远距离、非接触的目标探测技术和方法。遥感是根据不同物体的电磁波特性不同的原理来探测地表物体对电磁波的反射及其发射的电磁波，从而提取这些物体的信息，完成非接触远距离识别物体。遥感器一般借助飞机或者是卫星获取目标物反射或辐射的电磁波信息来判断目标物的性质。遥感数据的处理方式主要是纠正处理后的影像，根据影像解译编制专题图件和数字数据。目前，遥感主要应用于水资源、土地资源、植被资源、海洋资源调查和地质调查，城市遥感调查、测绘、考古、环境监测以及规划管理等方面。

1. 遥感平台

传感器必须在一定的空间位置才能接受目标体的遥感信息。遥感平台是将传感器搭载到预定空间的运载工具。根据运载工具的不同，遥感可以分为航天遥感、航空遥感和地面遥感。航天遥感的平台一般为各类航天飞行器（如卫星），航空遥感的平台为飞机，地面遥感为地面交通工具，比如汽车等。

2. 传感器

传感器是收集、探测、记录地物电磁波辐射信息的工具。传感器的种类很多，但基本上都由收集器、探测器、处理器和输出器四部分组成。遥感信息获取方式包括主动方式和被动方式两种类型。主动遥感主要是通过传感器向目标发射一定波长的电磁波，然后记录反射波的信息，用于主动遥感的传感器有气象雷达和测试雷达等。被动遥感主要是指传感器被动地接受来自目标物体的信息，用于被动遥感的传感器主要有摄影机和多光谱扫描仪等。

3. 遥感介质

在真空或介质中通过传播电磁场的振动来传输电磁能量的波叫电磁波。不同类型的地物具有反射或辐射不同波长电磁波特性，遥感正是利用电磁波作为介质来探测地面目标的。

4. 遥感数据的处理

遥感资料主要是影像资料，这些资料有些是由传感器直接得到，如摄影机得到的影像。有些传感器得到的是数字资料，需要进一步处理才能得到影像资料，例如多光谱扫描影像、雷达影像等。遥感数据处理，不仅包括由数字到影像的转变，还包括对遥感数据的纠正。

5. 遥感数据的应用

遥感技术不仅可以用来探测目标属性，还可以探测目标的空间位置。遥感影像是反映目标属性和空间位置的较好方式。在影像上，目标的形态特征反映在具体的形象上，空间位置则由地理坐标标识。在遥感影像上，将具有同一影像和相同特性的目标以图斑形式绘制，可以得到各专题地图，例如水资源分布、土壤植被分布等地图。

（三）GPS

全球定位系统最初是由美国国防部研制的，以空中卫星为基础的无线电导航定位系统，具有全天候、全球覆盖、高精度、快速高效的多功能、无线定位功能。在海空导航、精确定位、地质探测、工程测量、环境动态监测、气候监测以及速度测量等方面应用十分广泛。

全球定位系统由卫星星座、地面监控系统和GPS信号接收器三部分构成。CPS卫星星座共有24颗卫星，其中21颗是工作卫星，3颗为备用卫星。这些卫星分布在6个倾角为55°的圆形轨道上。星座的这种分配能确保地球上任何地点都能同时在地平线以上区域内，接收到导航定位必需的4颗卫星的GPS信号，从而实现全球的三维定位和导航。在地面监控系统的支持下，GPS星座的卫星向GPS信号接收器持续不断地发送全球定位信息并报告自己和其他卫星的位置。

由于 GPS 卫星在空间的位置是已知的，GPS 接收器只需要同时测得某一时刻接收器到视场中 3 颗 GPS 卫星的距离，就可以用距离交会法求出用户所在地的三维坐标。

GPS 能够准确地确定某一实体的空间位置，从而为该实体获得信息源的定位提供强有力的技术手段。在利用 GIS 系统建立矢量地图时，必须要使用 GPS 定位技术进行现场定位。另外，遥感解译结果的野外校正也需要精确的空间位置。

在水利工程方面，目前 GPS 已广泛应用于江河、湖泊、水库、地下水、地形测量、大堤安全监测、堤防险工险段监测、泥石流滑坡预警监测等方面。

（四）"3S"集成技术

"3S"集成技术不是 RS、GIS、GPS 简单结合，而是将三者通过标准化数据接口严格、紧密、系统地集成起来成为一个大系统，集信息获取、处理和应用于一体。RS 可以快速、准确地提供资源环境信息；GIS 能够为遥感数据的加工、处理和应用创造理想开发环境；GPS 为空间测量、定位、导航及遥感数据校正、处理提供空间定位信息。在实际工作中，RS、GIS、GPS 单独使用都存在着明显缺陷，GPS 可以快速精确定位目标，但不能描述目标属性；RS 可以获得区域面状地物信息，但是受到了光谱波段限制，并且还存在许多不能处理的地物特征；GIS 具有较强的数据编辑、处理和分析功能，但其数据的获取却必须依赖于其他手段。"3S"集成综合应用正好可以克服彼此之间的缺陷，发挥更大的功能。

二、"3S"技术与水资源信息处理

（一）水资源信息

1. 水资源质量

水资源质量是水资源量与质的统一，在一定的区域内，可以用水资源的多少并非完全取决于水资源的数量，还取决于水资源质量。

2. 水资源数量

一般而言，都是根据某一时间段内（通常以年为单位）水资源的各种数量指标反映水资源数量。总的来看，主要有年降水量、年河川径流量、年地下水量、年水资源总量以及人均占有水量五个指标。不同形态的水资源，反映其数量的指标有所不同，具体而言还包括水位、河流湖泊的蒸发量与调水量、地下水的开采量等多种指标。

3. 空间属性

水资源的空间属性是指反映水资源地理位置的各种信息。例如，对于河流而言，其空间属性不仅包括河流发源地、流经区域等宏观空间属性，还包括反映河流状况的一些微观属性，例如建于河道上的水利枢纽工程的情况等。

4. 权属属性

水资源的权属属性是反映水资源所有权、使用权配置和管理的信息。

（二）基于"3S"技术的水资源信息处理内容

1. 基本原理

利用遥感技术对地面水资源信息及生态环境信息的动态监测及数据进行实时动态采集，为水资源数字化管理提供快捷、实时、准确的信息，保证水资源管理的实时性。利用地理信息系统的强大空间信息处理、管理及存储功能，为水资源数字化管理提供数字化集成平台。水资源数字化管理需要的数据和信息包括基础数据、专题图形和遥感图像等空间数据，其数据容量巨大，必须利用数据库技术，以 XSCJ 技术为载体，构建囊括水文观测成果、水资源监测数据、生态环境监测数据、遥感数据、数字摄影测量数据、社会经济数据处理为一体的数字化操作平台。

2. RS 与水资源信息处理

RS 技术在水环境、水旱灾害、水资源实施监测以及防洪工程监测信息处理方面均有广泛应用。RS 技术可以实时传输地面水资源变化的具体情况，输出地图图标等信息，还可以确定地物覆盖分布，并与土壤、坡度等资料一起转化为数字格式输入 GIS 系统。

RS 根据红外波段的水体辐射明显低于其他物体，选用一个合适的红外波段，确定其水体的阈值，高于该阈值即非水体。RS 技术利用此原理，可测量出河道、湖泊的水位值，还可以利用遥感图像测定水体面积。利用不同时间段的两幅或多幅遥感图像进行假彩色合成，不仅可以分析时间段内洪水淹没的范围；还能反映洪水移动的方向和速度。依据洪灾发生时的遥感图像，可以绘制洪水淹没范围，估算洪灾造成的损失。

3. GIS 与水资源信息处理

针对水资源信息的各个方面，GIS 可以对水资源信息进行管理、评价、分析、结果输出等处理，提供决策支持、动态模拟、系统分析和预测预报。GIS 是水资源数字化管理的技术基础，是水资源信息的时空属性、水资源量和质的属性以及水资源权属性的数字化转换和分析的技术工具。在实践应用中，GIS 可以对水资源信息提供空间量算和空间分析、空间叠加分析、缓冲区分析。

空间量算和空间分析是指 GIS 可以建立包含各类水资源信息的电子地图。通过对电子地图的简单操作可以显示河道长度、宽度，不同地点的高程等水资源信息，还可以快速量算任意水体面积。在进行水资源工程建设的过程中，一旦确定工程参数即可进行工程施工计算。在电子地图上还可以进行坡度分析、河道断面分析等多种功能应用。

空间叠加分析是指 GIS 技术可提供矢量地图、栅格地图一体化分析，对不同要素的土层进行叠加分析，对于任意选择的要素进行空间叠加分析，对各种水资源数量信息进行不同时间段的统计求值。

缓冲区分析是指利用缓冲区分析可以进行水资源工程的绿化带、排污口、河道、水库的建设中的缓冲分析。通过在各种水资源工程周围建立缓冲区，可以对缓冲区内各要素进行统计，如统计缓冲区内社会经济信息、防灾工程建设信息以及水利设施信息等，可以估算缓冲区面积。

4.GPS 与水资源信息处理

GPS 能够准确地确定某一实体位置，从而为该实体的其他各种信息分析提供强有力的空间定位支持。在 GIS 中建立矢量地图时，必须明确各种目标实体的地理坐标，其坐标的确定就需要依靠 GPS。目前，GPS 已在江河、湖泊、水库的水系地形测量，堤防工程监测，大堤安全监测，泥石流滑坡预警等多方面得到应用。

三、"3S" 技术在水资源数字化管理中的应用

1. 水资源质量和数量调查及水环境监测

应用遥感资料进行下垫面同性分类，计算其分类面积，选取经验参数及入渗系数。根据多年平均降水量，计算出多年平均地表径流量、入渗补给量；两者之和扣去重复计算的基流量即多年平均水量，对国内某些流域进行估算的相对误差小于 7%，尤其适用于无水文资料地区。此外，根据遥感资料提供的积雪分布（三维）、积雪量、雪面湿度，用融雪径流模型估算融雪水资源和流域出流过程的相对误差在 10% 左右。例如有精度较高的数字高程模型（DEM，1∶10000 以上），湖泊面积及容量调查也有较高精度。目前已可以对浑浊度、pH 值、含盐度、BOD 和 COD 等要素做定量监测，对污染带的位置做定性监测。

2. 水旱灾情预测评估及防洪减灾信息管理

水旱灾情预测评估及防洪减灾信息管理包括星载和机载测试合成孔径雷达实时监测特大洪水造成的灾情，将信息迅速传送到指挥决策机构；对易发洪灾区和重点防洪地区建立防洪信息系统；对洪灾进行实时监测，在全球气候变暖、海平面上升以及地下水超采造成地面沉降等情况下对可能造成的海水入侵的范围做出预估和进行对策研究；实时监测和预测洪涝灾害淹没耕地及居民地面积、受灾人口和受淹房屋间数、旱情、大面积水体污染和赤潮的影响范围、大面积泥石流和滑坡等山地灾害的影响范围。

3. 土地资源调查

土地资源调查包括监测水蚀及风蚀等多种类型的土壤侵蚀区的侵蚀面积、数量和强度发展的动态变化；盐碱地、沼泽地、风沙地和山地侵蚀地等劣质土退化地的面积调查与动态监测；土地利用现状调查，滩涂面积调查。

4.水资源开发利用研究

利用遥感资料和 GIS 建立与大气模型耦合的大尺度水文模型，计算出在全球未来气候变化情况下区域水资源的增减；采用细分光谱卫星资料，主动式微波传感器与地球物理、地球化学等多种信息源相结合，以信息系统为支撑，分析研究地下储水结构；大型水库淹没区实物且估算库区移民安置环境容量调查，灌溉区实际灌溉面积和有效灌溉面积的调查，水库淤积测量。

5.水资源工程规划和管理

大型水利水电工程及跨流域调水工程对生态环境影响的监测与综合评价，包括大型水利水电枢纽工程地质条件的遥感调查、技术经济评价及动态监测、流域综合规划；灌区规划；水库上游水土流失调查及对水库淤积的趋势预测，河口泥沙监测和综合治理；河道演变监测；河道、水库、湖泊等水体水质污染遥感动态监测；流域治理效益调查；海岸带综合治理；对施工过程中的坝址进行 1 ：2000 的大比例尺遥感制图，包括坝肩多光谱近景摄影，用以研究坝肩裂隙和节理分布变化情况。

第三节　水资源管理信息系统

水资源管理信息系统是实现水资源数字化管理的重要方面和基本手段。水资源管理信息系统的开发和建设以实现水资源数字化管理为目标，利用先进的网络、通信、"3S"、数据库、多媒体等技术以及决策支持理论、系统工程理论、信息工程理论建立的数字化水资源信息管理系统。水资源管理信息系统可以使信息技术广泛运用于陆地和海洋水文测报预报、水利规划编制和优化、水利工程建设和管理、防汛抗旱减灾预警和指挥、水资源优化配置和调度等各个方面。例如采用微电子技术对水文、泥沙、水质、土壤墒情、水土流失等各种水利基础资料进行遥感遥测，运用计算机技术对水库、灌区、船闸、水电站等水利设施实行计算机辅助设计和管理，利用计算机仿真技术模拟洪水来设计防洪减灾预案和完善防洪体系，利用现代信息和网络技术对水资源管理实行在线控制和调度等。

一、水资源管理信息系统建设的目标和原则

（一）目标

开发和建设水资源管理信息系统的根本目标是实现水资源数字化管理。在具体应用中，水资源管理信息系统应该达到如下几个目标。

1. 能够及时、准确地完成相关信息的收集、处理和存储。

2. 具有能够实现水资源自动化管理的各类数据库。

3. 具有较强功能的各类水资源模型库。

4. 能够实现人机交互功能和远距离信息传输功能。

（二）设计原则

为了实现水资源数字化管理的目标，在设计和建设水资源管理信息系统的过程中要遵循一定的原则，即实用性原则、先进性原则、标准化原则。

1. 实用性原则

实用性原则是指系统各项功能的设计和开发必须紧密连接水资源数字化管理的实际需要，所开发的管理信息系统达到水资源数字化管理的要求。在实际应用中，能够通过资源管理信息系统进行各类水资源管理任务。同时，水资源管理信息系统具有简单、易操作的工作界面，可以很方便地实现人机交互对话，使水资源管理工作人员能容易操作。

2. 先进性原则

先进性原则是指系统的开发和运行必须建立在先进的软硬件基础之上，以保证系统功能运行自如。

3. 标准化原则

水资源管理信息系统的各子系统、模块应该具有标准化特点，这样可以保证系统的实用性范围更加广阔。系统标准化不仅可以保证其系统各模块之间相互连接、功能互补，还能保证系统之间的资源共享。

二、水资源管理信息系统的结构和功能

为了实现水资源数字化管理，水资源管理信息系统应有两项基本功能，即完成管理系统数据维护功能的基本需求；根据其水资源管理工作的特殊性，能够完成具有专业意义的需求。为此，水资源管理信息系统由三部分组成，即水资源数据库、水资源模型库以及人机交互系统。

（一）数据库功能

数据库是实现水资源数字化管理的基本需求，包括以下几点。

1. 实现水资源数据的输入、新增、更新、删除等，能够维护日常工作中的数据。

2. 维护数据库的完备性、一致性。水资源数据库具有能够保证数据完备性、一致性的功能和作用，否则，数据库运行时有可能会因为数据的缺失或不一致导致系统瘫痪。

3. 实现水资源各类属性数据之间高效、快速的检索。在水资源管理信息系统中，不同属性的水资源数据一般按其属性要求分别存放，而在实际管理时，管理者需要全面的水资源信息，这就要求数据库能够实现关联数据之间的高效、快速检索。

4. 实现标准化的数据共享。标准化是水资源数字化管理的一个基本目标，不同水资源数据库所包含的水资源数据应该实现共享。

5. 实现一般水政管理所需的各类水资源数据统计功能，如对水资源数据进行排序、求均值以及水资源费用管理等信息查询和管理功能。

6. 系统安全性管理。水资源管理信息系统中，很多数据会直接与国家法律、政策以及经济安全相联系，因此，其安全性能必须要高。数据库应该实现分级别的使用权限制，保证原始数据的安全，且数据库一旦遭受破坏，能够快速地进行恢复。

（二）模型库功能

模型库是实现水资源数字化管理的专业需求，根据不同的管理需求，可以加载不同的模型库模块。一般的水资源模型主要包括水情预报模型、水量评价模型、水量预测模型、水资源优化配置模型、水质评价模型、水质预测模型、水污染模型、需水模型、生态环境分析模型、洪水演进仿真模型和决策支持模型等。这些模型主要可以实现以下几个功能。

1. 实现更进一步的水资源信息处理

实现对输入信息的全面处理，包括各类统计分析。

2. 实现对水资源系统特征的分析

对水资源系统特征的分析包括水文频率计算、洪灾过程模拟、流域水资源系统变化模拟、水质模型模拟及其他水资源系统特征分析。

3. 实现水资源需求预测分析

借助于需求预测模型可以实现不同地区的工、农业需水预测以及生活用水增长预测等功能。

4. 实现水环境分析功能

水环境分析功能包括水环境污染评价模型建立、水环境演变系统分析等功能。

5. 水资源优化管理决策模型

水资源优化管理决策模型可以实现不同水资源管理方案的优化对比，提出最佳的水资源管理方案。

（三）人机交互功能

人机交互功能主要为水资源管理者提供水资源数字化管理的基本工作平台，通过人机交互系统，管理者可以实现水资源数字化管理的各项基本目标。

三、水资源管理信息系统的应用

根据实际需要，水资源管理信息系统的建设可以包含水资源数据信息平台和重点应用系统。

（一）水资源数据信息平台建设

水资源管理信息系统建设的一个基本原则就是标准化。水资源数据信息平台建设就是水资源数据标准化问题，为各个水资源应用系统开发和运行提供标准化的软硬件环境，以避免重复建设，实现网络共享和数据共享。其建设内容包括水资源数据库建设、水资源信息标准化建设和水资源信息网络建设等内容。

1. 水资源数据库建设

基础数据库的水资源数据是可供多个应用系统共享的标准化水资源数据，基础数据库应包括历年整编的水文观测数据、各类水资源的空间属性数据、权属数据等全面的水资源信息。基础数据库的数据应具有标准化的数据形式，可以通过水资源信息网络向各个应用系统提供信息服务。

2. 水资源信息标准化建设

参照国际和国家标准建立起水资源管理信息系统适用的信息化标准体系。水资源信息标准化建设主要包括水资源信息采集的标准与规范以及水资源数字化关键技术的标准和规范。根据数字化管理对数据的要求，将各类水资源信息标准化为计算机可识别和处理的数据形式。

3. 水资源信息网络建设

水资源信息网络是实现全国范围内同一水资源管理工作的基础，能够为各种水资源管理提供统一的管理运转平台。按照水资源信息网络的覆盖范围可以分为全国性网络和地方性网络。

（二）重点应用系统建设

水资源管理系统可以应用于防汛指挥、水务管理、水资源管理与决策、水质监测与评价、水土保持与管理监测、水资源信息公共服务、水资源工程管理、水资源规划管理和水资源数字化图书馆等重点领域。

1. 国家防汛指挥系统

目前，我国正在启动建设国家防汛指挥系统。该工程充分利用水资源管理信息系统的建设原理。该系统包括洪水预报系统、防洪调度系统、灾情评估系统、信息服务系统、汛情监视系统、防汛会商系统、防汛抗旱管理系统以及抗旱信息处理系统等多个子系统。这些系统的协同运作形成统一的防汛抗旱决策支持系统，从中央到地方，各级防汛和抗旱部门的工作效率、质量、效益和水平有显著提高。该系统在数据传输方面采用通信卫星和安全的网络技术；用遥感技术监测洪涝灾害；在七大江河流域建立以 GIS 技术为支撑的包括社会经济水体、水利工程、地形、土地利用、行政边界、交通、通信和生命线工程等数据层的分布式防洪基础背景数据库或数据仓库；完善水文及灾害预报这些以空间数据为基础的虚拟地球的技术；可以进行异地会商和远程教育。

2. 水务管理信息系统

水务管理是新型的水资源行政管理体制，以城乡一体化水资源统一管理为前提，以区域水资源可持续利用、支撑城乡社会经济可持续发展为目标，对区域内防洪、水源、供水、用水、节水、排水、污水处理与回用以及农田水利、水土保持及农村水电等所有涉水事务实行一体化管理的管理体制。水务管理数字化是现代水资源管理的基本要求，水务管理信息系统是水务管理数字化的基本载体和实现手段，水务管理信息系统的建设依托全国水资源信息网络构建，连接国家水利与各流域机构、各省（自治区、直辖市）水利厅（水务局）以及部直属各单位等各级水务部门，具有统一技术标准和统一服务界面的管理信息系统。各级水务部门之间的水务管理信息系统能够实现互联互通，同时通过全国性水务管理信息系统为各级领导提供决策支持信息，其主要工作是根据水务的特点和水务管理的目标要求制定信息传输交换的标准，建立政务数据库，开发相应的管理软件，从而提高水务服务的能力和水平，逐步实现水务信息交换的电子化，最终形成全国水务部门业务管理系统及具有科学决策服务功能的综合性的政务信息系统。

3. 水资源管理与决策支持系统

水资源管理与决策支持系统依托"3S"技术以及其他技术，借助宽带、微波、卫星等现代化传输方式，构建水资源、生态环境和社会经济一体化的信息采集、传输、储存、处理及分析系统，形成信息化、可视化的水资源管理综合服务平台，对水资源的开发和管理提供决策支持，为水资源的合理分配及生态环境保护提供科学的决策依据。

4. 水质监测与评价信息系统

国家水质监测与评价信息系统的建设内容主要包括制定满足全国水质监测和评价需要的水质信息采集、传输和管理的标准，建立全国水质监测和评价信息系统以能及时快速收集水质信息。提供水质历史资料和水质趋势预测，及时地进行水质监测和预警预报，确定主要污染源，提供应对措施预案并进行评估，发布水质信息和评价结果。

5. 水土保持与管理监测信息系统

水土保持与管理监测信息系统基于"3S"技术，对全国范围内水土流失状况进行动态监测，对不同分组层次的水土保持情况进行信息管理，对水土流失和水土保持进行评价。同时，依据水土保持和管理监测信息系统建立相应的数学模型，为水土保持、区域治理和小流域治理的工程设计、经济评价和效益分析服务，提高水土保持监测、设计、管理和决策的水平。

6. 水资源管理工程信息系统

建设全国水资源工程数据库，并在此基础之上建设全国水资源管理工程建设与管理信息系统，包括各类水利工程设施的历史资料、现状信息的收集、整理、入库、检索与查询。存储和管理在建水资源工程的设计方案，管理现场技术以及进度控制、质量管理和招标活动，技术专家库建设与管理的政策法规建设。为施工监理咨询等水资源工程建设市场主体的资质资格等动态信息提供信息链，提高了水资源建设的管理水平。

7. 水资源信息公众服务系统

利用网络技术建设全国水资源信息公众服务系统，向社会宣传水资源知识，提高水务部门办公的透明度，树立水务部门的良好形象，促进水利部门的廉政建设。通过该系统的建立，提高社会公众的节水意识，促进节水型社会的建设。

8. 水资源数字化图书馆

水利文献等信息资源是水资源信息的重要组成部分，应用现代信息技术对水资源系统所需的图书期刊等文献进行编目，按照统一标准进行数字化加工，逐步形成能够在网络上实现远程查询、异地阅览的水资源系统文献保障体系，最终建成能够进行网上浏览、网上下载的水资源数字化图书馆。

9. 水资源规划管理信息系统

根据国家开发利用水资源的规划方案建设水资源规划管理信息系统。水资源规划管理信息系统的建设是应用现代化信息技术，建立水资源规划所需的水文、地质和社会经济等基础资料的管理系统，为水资源规划服务。

第四节 水资源管理数字流域

一、数字流域概述

随着以"3S"技术为代表的空间信息处理技术的日益发展和完善，同时也为了适应现代水资源利用和保护的需要，近些年来，许多研究者纷纷提出"数字流域"的概念。数字流域基于数字地球的理念发展而来。"数字地球"是人类以数字的形式再现的地球信息场，是信息化的地球。它以 GPS 为依托，包含地球信息的获取、处理、传输、存储、管理、检索、决策分析和表达等内容，具有多分辨率海量数据的、可用于显示和表达的虚拟地球。伴随地学研究的飞速发展和 IT 技术的突飞猛进，数字地球正在利用现代高新技术将虚拟现实、数字化生存、数字经济等模糊概念向一个以三维空间和多维信息处理为目的的、能够真正共享与处理实时地球信息的概念体系过渡，"数字地球"已经为国家的可持续发展战略实施提供技术支撑。

"数字流域"是数字地球的微观化和精确化的应用和发展。数字流域是一个以流域空间信息为基础，整合流域内各种数字信息的系统平台，是对真实流域及其相关现象的统一的数字化重现。它把流域搬进了实验室和计算机，成为真实流域的虚拟对照体。数字流域由各种信息的数据库和数据采集、分析、交换和管理等子系统组成，可以根据不同的需要，对不同时间的数据进行比较分析，透视其变化规律。广义地说，所谓数字流域，就是综合运用遥感、地理信息系统、全球定位系统、虚拟现实、网络和超媒体等现代高新技术，对全流域的地理环境、基础设施、自然资源以及人文景观、生态环境、人口分布、社会和经济状态等各种信息进行数字化采集与存储、动态监测与处理、深层整合与挖掘、综合管理与传输分发，构建全流域可视化的基础信息平台和三维立体模型，建立适合全流域各不同职能部门的专业应用模型库和规则库及其相应的应用系统。狭义地说，数字流域是以地理空间数据为基础，具有多维显示和表达流域的虚拟流域，是数字地理的重要组成部分，对采集到的流域地理数据进行分析、运算、过滤、重组，并进一步把人工智能引入数字流域，形成数字流域系统的知识库、逻辑库、方法库和模型库。

组成各个专题的"流域专家系统"，最终发展为数字流域所需的"高级决策系统"，达到流域范围内各种事件的虚拟和仿真。数字流域的建立，可以实现人类与流域环境之间关系的精确、定量，数字化的描述，借助于网络技术，实现对流域地理数据或是信息的共享。数字流域还能演绎流域的地理变迁，并具有模型模拟预测功能，对流域未来远景进行预测。

二、数字流域构建的理论及技术基础

"数字地球"概念的提出和可视化技术、虚拟技术的发展，为数字流域的最终实现提供了全新的技术平台和发展空间。现代"3S"技术与全数字摄影测量系统的高度发展为数字流域高质量信息的获取提供了有效手段。"4D"技术作为"3S"技术集成而生成的高精度数字化可视产品，正发展为地学数字化产品的基本模式，是数字流域建设的基础数据源。从理论上来说，数字流域不仅要以水文学与水资源学、水利水电工程、电力生产与调度、规划与建设环境保护和灾害学等各个领域的专业知识作为理论基础，而且更为重要的是还要充分应用系统科学、运筹学、控制理论、优化与决策理论、软件工程、复杂巨系统理论和可持续发展等众多学科领域的理论知识和研究方法，尤其是系统科学及优化与决策理论的相关应用，对于实现和完成数字流域是极为重要的。

1. 数字摄影测量技术和"3S"技术

在"数字流域"中，建设流域三维景观是一项重要的工作，摄影测绘是三维景观重现的主要数据源，特别是数字摄影测绘技术为三维数据的获取提供了经济和便捷的方法。数字摄影测绘技术的代表技术，即所谓的"4D"技术是指数字高程技术（DEM）、数字正射影像（DOQ）、数字栅格技术（DRC）和数字专题图（DLG/DTL）。而"3S"技术及其集成则可以解决数字流域建设所需的三维空间信息获取和处理的技术问题。数字摄影测量和"3S"技术的发展及应用使摄影测绘的输出结果发生了根本变化：由传统的模拟产品转向以计算机技术和基础地理数据集为支撑的高新数字技术产品，是数字流域构建的重要技术基础。

2. 监测和传输网络技术

数字流域涉及大量的图形、影像和视频等数据，数据量非常大，需要功能强大的数字监测和传输技术作为支撑。随着通信、网络的发展，电话通信网、计算机网络和有线电视网络将逐渐"三网合一"，同时与卫星通信系统、移动通信网等构成的天地空一体化网络，向高带宽、多媒体方向发展，提供了"数字流域"的外部网络环境。随着千兆因特网、ATM以及第三层交换技术从实验室走向应用，空间数据及多媒体海量数据传输的带宽和延迟问题将得到解决。利用先进的遥测、自动控制、通信及计算机技术，建设流域信息的自动采集传输、存储、管理以及交换系统，并且实现信息的资源共享，及时、全面和准确地掌握数字流域的各种信息。

3. 大容量数据存储技术

海量数据存储包括计算机硬件技术和软件技术。随着计算机硬件技术的发展，许多CPU高性能的硬件价格不断降低，已经能够满足应用的要求。海量数据压缩、解压、快速检索、查询语言设计、数据融合等技术是数字流域需要解决的关键技术。目前，激光全息存储、蛋白质存储等已经获得巨大进展，可以实现存储千万亿字节级的数据；新的压缩技术和激光技术的进步将允许在一个光盘上容纳几千兆的数据。先进的压缩技术使在网络上移动海量数据、图像数据成为可能。因此，数字流域将可以处理更大的空间数据集、更高空间分辨率的遥感图像、更复杂的空间和地学分析模型，可以得到更好的显示和可视化输出。

4. 流域模拟模型技术

在进行流域管理活动时期，管理机构和人员需要面对复杂的流域事件，例如洪涝过程、水污染迁移降解过程、流域内物质的迁移输送转化过程、城市化过程、社会经济发展过程等，现代数学尤其是多元统计学、数量模型、模糊数学、灰色关联理论以及运筹学等知识的发展和应用为模拟和处理复杂现象的数学建模提供了很好的理论基础。与此同时，计算机软件的开发应用和运算速度的提高、计算机技术的飞速发展也为流域模型的实际应用提供了很好的技术支撑。目前，流域模拟模型构建已经可以很好地模拟许多流域事件，为流域的数字化管理决策提供了很好的工具和手段，是实现数字流域的重要技术支持。

5. 可视化与虚拟现实技术

为了将整个流域栩栩如生地展现在人们面前，在身临其境地欣赏流域风光、享受信息化社会带来的便捷的同时，随时了解流域的各种信息，对于流域建设与发展进行全面规划，必须在流域三维建模和可视化的基础上运用虚拟现实（VR）技术，用赛博空间取代传统的抽象地图及其相应描述文件，以生动的流域模型及相关图片来模拟和显示流域的三维空间现实，以人机互动方式实现流域三维景观的漫游。数字流域的空间数据包括 2D、3D 和 4D 数据；2D 可视化的问题已经解决，3D 和 4D 数据的可视化与虚拟技术目前仍是一个难点。如何高效逼真地显示数字流域是需要解决的一个技术难点。虚拟现实技术是 20 世纪末发展起来的以计算机技术为核心，集多学科高新技术为一体的综合集成技术。它是人与计算机通信的最自然的手段，是人类的自然技能与计算机的完美结合，将从根本上改变人与计算机系统的交互合作方式。由于计算机软硬件的限制，虚拟现实研究一直停留在简单的三维显示上，OpenGL、图形标准的引入以及三维图形加速卡的出现，极大地推动了三维图形编程和研究的发展。目前，虚拟飞行、虚拟路径徒步穿行等在一些软件上已能方便实现，这为"数字流域"景观全景模拟提供了条件。

三、数字流域的框架结构和主要功能

构建数字流域的主要内容是建立数字流域基础数据库，并在相应技术的支撑下，以流域基础数据库为平台，实现流域空间信息的获取、处理、传输、流域的可视化再现、流域事件的数字化全真模拟、流域数字化管理和决策等功能。因此，从总体框架来看，数字流域可以划分为一个核心、三个层次，即以流域数字基础数据库为核心，划分为数字流域可视化基础信息平台（基础层）、数字流域专业应用系统（专题层）以及数字流域综合管理与决策系统（综合层）三个层次。以基础数据库为核心，三个层次既相互独立，又相辅相成，共同实现数字流域的目标和功能。

1. 数字流域基础数据库

基础数据库是数字流域的核心和基础，数字流域的各项功能是在数据库实现的。数字流域基础数据库的构建原理和方法与水资源管理信息系统基础数据库的构建类似，所要解决的问题都是空间信息的收集、处理、存储、查询、传输和共享等，所不同的是设计对象的范围有所差别。根据系统构建的管理对象和目的不同，水资源管理信息系统对信息的采集和处理有可能包括所有水资源信息及其相关信息，而数字流域对空间信息的收集和处理一般只涉及流域水资源信息及相关信息，将全流域的地理环境基础设施、自然资源、人文景观、生态环境、人口分布、社会和经济状态等各种信息进行数字化采集和存储，分别建立全流域各类信息的空间数据库以及与其相对应的属性数据库，建立一个基于"3S"技术全流域基础信息的数据平台。

2. 数字流域可视化基础信息平台

数字流域的一个基本功能就是实现流域的全真数字化模拟和可视化再现，可视化基础信息平台的建设正是基于基础数据库，借助于现代数字技术实现全流域三维景观模型的可视化数字流域统一基础信息框架或平台，特别是流域的水文地理信息平台，此平台能实现各种信息的查询、显示及多媒体输出，研发相应的信息综合管理和分析系统，实现全流域各类不同信息之间的共享和交流，并进行更深层次的信息融合、挖掘和综合，提供全流域基础信息的社会化服务。因此，数字流域可视化基础信息平台主要包括全流域三维模型及其相应的管理与分析平台两个方面，具体内容包括流域基础地理信息、流域资源与环境信息、流域社会经济信息、流域水文地质信息、流域降水分布信息、水资源工程管理信息以及流域灾害监测信息七个方面的内容。

3. 数字流域专业应用系统

数字流域专业应用系统是数字流域系统工程的专题应用层。一个流域的管理、保护、研究和开发涉及农业、工业和服务业等许多行业和部门。这些行业和部门既可能包括政府机构，也涉及企事业单位，还可能涉及科研环保单位等。每个单位和部门对数字流域的需求有所不同，其所对应的专业信息也会有所差异。因此，数字流域建设的一个主要内容就是根据涉及流域的各级水利、电力、能源、交通、通信、规划、教育和医疗卫生等职能部门以及相关企事业单位和科研环保单位的信息需求建立专业应用系统，并在此基础之上，按照数字流域的统一信息标准和规范，实现各专业应用系统的数据共享。特别是对于水利水电部门来说，主要是依托数字流域基础信息平台，建立处理、解决全流域关于雨情、水情动态分析和预测，洪水演进模拟和仿真，洪水预警和预报，防洪和抗旱减灾指挥，水资源梯级调度和分配，堤防规划与优化，大坝及其电厂安全监控和运行，电力综合调度与指挥，生态环境保护与防治以及水利水电工程管理与运行等具体实际应用问题的规则库和模型库，并开发出相应的基于数字流域的水利水电行业各职能部门信息管理及辅助决策系统，为全流域水利水电事业的总体规划、设计、建设、服务和管理以及水土资源的合理开发、优化配置和有效利用，缓解水资源的供求矛盾，做好水资源和水生态环境的保护，提高防洪抗旱标准和能力，确保旱涝保收等提供现代化的工具。

4. 数字流域综合管理与决策系统

数字流域综合管理与决策系统是数字流域系统工程的综合应用层，目的是以数字流域基础信息平台为依托，通过对全流域的基础地理、自然资源以及社会和经济等各个领域的不同信息进行综合处理、分析和研究，并结合水利水电以及其他行业的专业信息处理和专题分析成果，研究流域仿真、虚拟现实和决策分析等定量模型，建立优化全流域整体规划、设计、建设、管理和服务等运行机制的计算机模型，为制定全流域整体发展战略、优化整体运行等宏观、全局性问题提供计算机辅助工具，直接服务于整个流域的综合规划、设计、建设和管理等。

四、数字流域的应用

数字流域是一种多层次的结构，既可应用于国家战略、政府决策，又可为科研教学服务，还可应用于商业开发领域。随着技术的日益成熟和完善，数字流域也必将不断影响人们的生存、生活和生产方式。它的整体性和系统性的全局观念将为水资源管理和利用带来崭新的局面。数字流域具有十分广阔的发展前景，可以应用于政府管理、决策、科研教学和航运、气象服务等许多领域，包括水资源的规划与管理、水资源的合理配置、洪涝灾害的预警与损失评估、环境变化对生物多样性的影响、流域过程模拟、物质迁移与输送、农业结构优化与布置、土地利用结构变化及其驱动力等。流域模拟模型是数字流域的核心应用，包括流域可持续性发展模型（评价指标体系、发展的可持续性评估、发展阶段调控）、流域健康性评价（评价指标、评价方法）、流域活力评价、生态经济模型、环境灾害模型、水文水力学模型、流域人口承载力以及与这些模型有关的评价指标和模型设计所涉及的算法。模型的定量描述，包括生态经济、环境变化驱动力及其影响、流域健康性的指标体系和评估、各种指标的敏感度及指示指标等。在数字流域的支持下，可方便地获得地形、土壤类型、气候、植被和土地利用变化数据，应用空间分析与虚拟现实技术，模拟人类活动对生产和环境的影响，制定可持续发展对策。数字流域可以应用在防洪减灾、防汛调度、流域环境质量控制与管理、土地利用动态变化、资源调查和环境保护等方面，可对重大决策实行全流域数字仿真预演，为流域经济的可持续发展提供决策支持。同时，在国家重大项目的决策、工程项目设计与建设、社会生活等方面，数字流域也能够提供全面、高质量的服务。

第五章　制度体系与管理规范化建设

规范化管理是一项艰巨的、需要持续改进的工作，是各项工作正常有效开展的基础。因此，本章将对制度体系与管理规范化建设进行介绍。

第一节　最严格水资源管理本质要求及体系框架

一、最严格水资源的目的和基本内涵

现有的水资源管理制度存在法制不够健全，基础薄弱，管理较为粗放，措施落实不够严格，投入机制、激励机制及参与机制不够健全等问题，已经不能适应当前严峻的水资源形势。为应对严峻的水资源形势，我国正着力推进实施最严格水资源管理制度，其核心就是要划定水资源开发利用总量控制、用水效率控制和水功能区限制纳污控制三条红线。最严格水资源管理制度是我国在水资源管理领域的一次理念革命，是对水资源开发利用规律认识的集中体现，也是对传统水资源管理工作的总结升华。实行最严格水资源管理制度是保障经济社会可持续发展的重大举措，根本目的是全面提升我国水资源管理能力和水平，提高水资源利用效率和效益，以水资源的可持续利用保障经济社会的可持续发展。

最严格水资源管理制度提出的三条红线，其基本内涵主要有以下几点。

1. 建立水资源开发利用控制红线，严格实行用水总量控制

制订重要江河流域水量分配方案，建立流域和省、市和县三级行政区域的取用水总量控制指标体系，明确各流域、各区域地下水开采总量控制指标。严格规划管理和水资源论证，严格实施取水许可和水资源有偿使用制度，强化水资源的统一调度等。开发利用控制红线指标主要是用水总量。

2. 建立用水效率控制红线，坚决遏制用水浪费

制定区域行业和用水产品的用水效率指标体系，改变粗放用水模式，加快推进节水型社会建设。建立起国家水权制度，推进水价改革，积极建立起健全有利于节约用

水的体制和机制。强化节水监督管理，严格控制高耗水项目建设，全面实行节水项目，实施"三同时"管理，加快推进节水技术改造等。用水效率控制红线指标主要有万元工业增加值和农业灌溉水有效利用系数。

3. 建立水功能区限制纳污红线，严格控制入河排污总量

基于水体纳污能力，提出入河湖限制排污总量，作为水污染防治和污染减排工作的依据。建立水功能区达标指标体系，严格水功能区监督管理，完善水功能区监测预警监督管理制度，加强饮用水水源保护，推进水生态系统的保护与修复等。水功能区限制纳污红线指标主要指江河湖泊水功能区达标率。

二、最严格水资源管理制度的特点

最严格水资源管理制度体现出的显著特征主要有以下几个方面。

1. 强化需水管理是最严格水资源管理制度的根本要求

最严格水资源管理制度是供水管理向需水管理转变的产物，强化需水管理是其区别于传统水资源管理的主要特征。在传统的经济发展与资源利用方式下，水资源、水环境对于经济社会发展的约束性逐渐提高。人类社会发展历史说明，随着人类文明程度的提高，环境保护意识的增强，产业结构的转型升级以及循环经济的发展，工业化中后期之后经济发展必然带来用水量的膨胀。钱正英院士指出了我国传统水资源管理工作中的"七个误区"，认为实施严格的需水管理是解决我国"水少、水脏"问题的根本出路。国家提出建立最严格水资源管理制度，正是为了顺应经济社会发展规律，适时强化需水管理，使水资源更好地支撑经济社会发展，保护水环境安全。

2. 优化顶层设计是最严格水资源管理制度的显著特征

实现水资源高效利用的核心是水资源使用者建立合理的预期成本—收益结构，而这取决于水资源利用、保护、节约、管理的制度环境。制度环境包括三个层次：一是文化和社会心理（文化层面）；二是具体制度安排（制度层面）；三是组织结构（体制层面）。文化和社会心理具有强大的惯性，难以在短期内改变；水资源管理体制一旦形成也难以迅速转变。水资源管理具体制度是制度环境建设中最能动的部分，对提高水资源管理水平具有显著的效果。管理制度的革新也有助于凝聚管理体制改革的目标，促进管理体制的进步；同时，管理水平的提高也能逐步改变社会对水资源的不合理认识，促使了社会内在约束系统的形成。最严格水资源管理制度是对传统水资源管理制度的一次整合、完善和充实，强调水资源管理制度的系统性、普适性和实效性，与传统制度单一化、破碎化和局域化的特点有着本质的差别。

3. 管理手段进步是贯彻最严格水资源管理制度的微观基础

管理手段的先进与否在水资源管理中发挥重要的作用。首先，管理手段的进步有

助于减少传统管理中人力物力的大量投入，降低政府管理水资源的成本；其次，管理手段的进步能大大提高水资源管理的效率，从而为水资源管理范围的扩展创造条件；再次，管理手段的进步有助于推动管理理念和管理制度的革新，进而为管理的深化打下基础。如取水计量手段的进步能改变传统计量中人员的大量投入，提高用水管理的准确性和效率，同时也会推动"精细管理"理念的形成，进而为取用水管理制度的创新提供新平台。最严格水资源管理制度要求监管的广度和深度都大大提高，必然需要以管理手段的进步为基础，先进可靠的管理手段是制度实施的微观基础。

4.科学监测评估体系是最严格水资源管理制度的基本保障

建立严格的目标责任制，通过监督考核的形式把水资源工作纳入政府重要议事日程，是最严格水资源管理制度贯彻实施的重要抓手。而监测评估体系是监督考核的科学基础，需要针对国家规定的指标体系形成一整套监测评估规范体系，包括监测体系的总体架构、监测点位的选择、监测评估的方式方法，从而保证监测评估能及时反映制度实施的成果，保障考核结果的公正性和权威性。

三、最严格水资源管理制度的内容框架

最严格水资源管理制度下的水资源管理规范化建设的内容主要包括水资源的机构建设、水资源配置管理、水资源节约管理、水资源保护管理、城乡水务管理、水资源费征收与使用管理、支撑能力建设以及保障机制建设等方面。

第二节 水资源管理规范化的制度体系建设

最严格水资源管理制度的实施的重要前提是水资源管理部门建立一套规范标准的管理体系，而该管理体系的核心任务是制度和工作流程的标准化建设。在前面对行业外资源管理部门的管理规范化建设经验总结的基础上，本节将对水资源管理制度框架的梳理进行具体阐述。

一、水资源管理制度框架

现有的水资源管理制度法规还不够健全，需进一步完善。此外，地方性的配套法规政策相对较为欠缺，为了更好地落实最严格水资源管理制度，还需要对其现有水资源管理工作制度及其主要关系进行梳理，形成更为清晰的工作体系。

水资源管理制度框架总体上可以概括为：以取水许可总量控制为主要落脚点的资

源宏观管理体系，以取水许可为龙头的资源微观管理体系，以完善的监管手段为基础的日常监督管理体系。

其中，建立以总量控制为核心的基本制度架构，要以区域（流域）水量分配工作为龙头，按照最严格水资源管理制度的要求对现有水资源规划体系进行整合，提出区域（流域）取水许可总量的阶段控制目标，并通过下达年度取水许可指标的方式予以落实。与此同时，根据年度水资源特点，在取水许可总量管理的基础上，下达区域年度用水总量控制要求。

在上级下达的取水许可指标限额内，基层水资源行政主管部门组织开展取水许可制度的实施。目前，取水许可制度的对象包含自备水源取水户与公共制水企业两大类。

自备水源取水户具有"取用一体"的特征，现有的制度框架能够满足强化需水管理的要求，但需要进一步深化具体工作。首先，要深化建设项目水资源论证工作，进一步强化对用水合理性的论证，科学界定用水规模，明确提出用水工艺与关键用水设备的技术要求，同时，明确计量设施与内部用水管理要求。其次，要进一步细化取水许可内容，尤其要把与取用水有关的内容纳入取水许可证中，以便于后续的监督管理。再次，建设项目完成后，要组织开展取用水设施验收工作，保障许可规定内容得到全面落实，同时也保障新建项目计量与"节水三同时"要求的落实。

最后，以取水户取水许可证为基础，根据上级下达的区域年度用水总量控制要求，结合取水户的实际用水情况，分别下达取水户年度用水计划，作为年度用水控制标准，同时也作为超计划累计水资源费制度实施的依据。

公共制水企业具有"取用分离"的特征，而现有制度框架只能对直接从江河湖泊（库）取水的项目进行管理。公共制水企业覆盖一个区域而非终端用水户，其水资源论证工作只能对用水效率进行简单的分析，对于取水量进行管理，而无法对管网终端用水户的用水效率进行有效监管。

在水资源管理制度体系中，节水工程管理队伍、信息系统及经费保证作为基础保障工作也需要建立相应的建设标准和规章制度。

二、制度体系规范化建设内容

在明确水资源管理基本制度框架的基础上，为了确保国家确立的水资源管理制度要求得到有效落实，各级水资源管理部门需要积极推动出台相应的规章制度。根据我国水资源"两层、五级"管理的工作格局与各个层级所承担的职责，提出了制度体系规范化建设工作内容。

1. 五级水资源管理机构职责及制度规范化建设侧重点

（1）水利部工作职责主要是解决水资源管理工作中遇到的全国共性问题。根据水资源管理形势发展需要，对水资源管理部门、社会各主体及有关部门的工作职责与法律责任进行重新界定的制度建设内容，水利部应该积极做好前期工作与法规建设建议，以完善现有的水资源管理法规体系，也为地方出台下位法与配套规章制度提供条件。同时，水利部还要做好各级水资源管理机构工作职责与管理权限的划分、各层级之间的基本工作制度、宏观水资源管控等方面的配套规章制度建设工作。

（2）流域管理机构工作职责主要包括承担流域宏观资源配置规则制订与监督管理、省级交界断面水质水量的监督管理、代部行使的水利部具体工作职责。因此，流域机构制度体系规范化建设工作的重点是加强流域宏观水资源管理与省际交界地区水资源水质管理方面的配套规定与操作规范。代部行使的工作职责需要由水利部来制定有关的配套规定，流域层面仅能出台具体工作流程规定。

（3）省级层面职责主要是根据中央总体工作要求，根据地方水资源特点解决和布置开展全省层面的水资源管理问题。由于水资源所具有的区域差异特点，省级相关法规建设任务较重，省级水资源管理部门要积极做好有关配套立法的前期工作。省级管理机构还要做好宏观水资源管控，重要共性工作的规范、指导、促进，对下监督管理考核等方面的配套规章制度建设工作。省级机构还要开展部分重点监管对象的直管工作，需要制定相关配套规定。总体来看，省级机构以宏观管理为主，微观管理为辅。

（4）市级层面职责包括对市域范围内水资源宏观配置与保护规则制定与监督管理，同时，在直管地域范围内行使水资源一线监督管理职能，宏观管理与微观管理并重。所以制度体系规范化建设工作既要出台上级相关法律法规的配套规定，又要出台本区域宏观资源监督管理的有关规定，还要出台一线监督管理的工作规范。

（5）县级层面职责是承担水资源管理与保护的一线监督管理职能，是水资源管理体系中主要实施直接管理的机构。所以制度体系规范化建设上要对所有水资源一线管理职能制定相应的工作规范规程，同时对重要水资源法律法规出台相应的配套实施规定。

2.当前各级应配套出台的规定规范

（1）关于实施最严格水资源管理制度的配套文件。实施最严格水资源管理制度已上升为我国水资源管理工作的基本立场，是各级政府与水资源管理机构开展水资源管理工作的基本要求。

（2）《水法》与《取水许可与水资源论证条例》的配套规定。它们是确立我国水资源管理制度框架的基本大法，是各地开展水资源管理工作的基本法律依据。所以各级水资源管理机构应推动地方出台相应的配套规定。

（3）间接管理需要出台的规定规范。间接管理是水资源管理工作的重要组成部分，是促进直接管理工作的重要抓手，主要由流域、省和市承担。我国市级管理机构的工作职责和权限地区差异很大，同时相应的制度建设内容也较轻，因此，仅需要对流域和省出台的配套规定予以规范。

（4）直接管理需要出台的规定规范。直接管理是水资源管理的核心工作内容，其管理到位程度直接决定了水资源管理各项制度的落实情况，也直接关系到水资源管理工作的社会地位。水资源直接管理工作主要由县级管理机构承担，地市承担部分相对重要管理对象与直接管辖范围内管理对象的直接管理职责，流域和省承担部分重要管理对象的部分管理职责。

3. 下一步应出台的规章制度

（1）非江河湖泊直接取水户的监督管理规定。紧随着产业分工深化以及城市化与园区化的推进，水资源利用方式上"集中取水，取用分离"的特点越发明显，自备水源取水户逐年下降。目前，建设项目水资源论证与取水许可管理制度无法覆盖这一类企业的取用水监督管理，也与最严格水资源管理制度要求突出需水管理的要求不相匹配。目前，规范这一类取用水户的制度的建设方向，从完善水资源论证制度与建立节水三同时制度两个层面推进。一方面可以通过修订现有的建设项目水资源论证制度与取水许可制度，将其适用范围从"直接从江河、湖泊或者地下取用水资源的单位和个人"改为"直接或是间接取用水资源的单位和个人"；另一方面也可以制定节约用水三同时制度管理规定，要求间接取用一定规模以上水资源的单位和个人要编制用水合理性论证报告，并按照水资源管理部门批复的取用水要求来开展取用水活动，并作为后期监督管理的依据。建议水利部应抓紧从这两个方面来推动此项工作，如果得到突破，就可实现取用水全口径的监督管理。地方水资源管理机构也应根据自身条件开展相关制度建设工作。

（2）非常规水资源利用的配套规定。国家法律明确鼓励在可行条件下利用非常规水资源，节约保护水资源。各地的实践也表明，合理利用非常规水资源能大大提高水资源的保障程度，节约优质水源的利用，实现分质用水。目前，水资源管理部门在这一方面缺乏明确的政策引导措施与强制推动措施，应该尽快组织开展有关工作。规定要确立系统化推进非常规水资源利用的基本制度设计，根据现实情况采取"区域配额制与项目配额制"是可行的方向。建议在做好前期调研基础上，在资源紧缺及非常规资源利用条件较好的地区先行试点此项制度设计，为全面推行打好基础。地方水资源管理机构可先行推动出台有关引导、鼓励与促进政策。

（3）取水许可权限与登记工作规定。取水许可是水资源宏观管理与微观管理的主要落脚点与基本依据，是水资源利用权益的证明，具有很强的严肃性，也是水资源管理工作的重要基础资料，因此，其规范开展与信息的统一在水资源管理工作中具有基础性的地位。水利部要在现有工作基础上根据审批与监管的现实可行性，对流域与省间的取水许可与后期监督管理权限及责任予以进一步细化规定。从长远来看，水利部要统一出台规定建立取水许可证登记工作制度，以解决目前取水许可总量不清、数据冲突、审批基础不实以及监督管理薄弱等方面的问题，并将登记工作嵌入各级管理机构取水许可证的审批发放工作过程中，从而解决上下信息不对称的问题，近期可先选取省为单元进行试点。

（4）总量控制管理规定。要尽快研究制定总量控制管理规定，主要明确总量控制的内容（是取水许可总量、年度实际取水量或是双控）和范围（纳入总量控制的行业范围），控制监督管理的基本工作制度（如台账、抽查等），各级管理部门落实总量控制的主要制度保障与工作形式，其他政府部门承担有关责任，不同期限内突破总量的控制与惩罚措施（如区域限批、审批权上收、工作约谈、重点督导等）。在国家规定基础上，流域、省、市应逐级进行考核指标分解，并出台相应的考核规定。

上述规章规定，水资源管理工作需要进一步落实的工作内容，需要从中央层面予以推动，省级层面积极突破。在中央没有出台有关规定之前，地方可以作为探索内容，但是不宜作为硬性验收要求。因此，有关制度建设内容可以作为各级水资源规范化建设工作的加分内容，并根据形势发展动态调整。

第三节　水资源管理的主要制度

一、取水许可制度

取水许可制度是水资源管理的基本制度之一。法律依据是水资源属于国家所有，体现的是水资源供给管理思想，目的是避免无序取水导致供给失衡。取水许可制度是为了促使人们在开发和利用水资源过程中，共同自觉遵循有计划地开发利用水资源、节约用水、保护水环境等原则。此外，实行取水许可制度，也可以对随意进入水资源地的行为加以制约，同时也可对不利于资源环境保护的取水和用水行为加以监控和管理。取水许可制度的主要内容应包括：1. 对有计划地开发和利用水资源的控制和管理；2. 对促进节约用水的规范和管理；3. 对取水和节约用水规范执行状况的监督和审查；4. 规范和统一水资源数据信息的统计、收集、交流和传播；5. 对取水和用水行为的奖惩体系。

取水许可制度的功能发挥，关键在于取水许可制度的科学设置，取水许可的申请、审批、检查、奖惩等程序的规范实施。

取水许可属于行政许可的一种，其目的是维护有限水资源的有序利用，许可的相对物是取水行为，包含取水规模、方式等，属于取水权的许可，而不是取水量的许可。取水权的基本含义应为在正常的自然、社会经济条件下，取水户以某种方式获取一定水资源量的权利。它包含了以下几层含义：取水权的完全实现是以自然、社会经济条件的正常为前提的，在特殊情况下，政府有权力为了保障公众利益和整体利益启动调控措施，对取水权进行临时限制；取水权所包含的取水量是正常条件下取水户取水规模的上限；取水权不仅仅是量的概念，还包含了取水方式、取水地点等取水行为特征；政府依法启动调控措施时，须采取措施降低对取水户的影响，如提前进行预警、适当进行补偿等。

国内外水资源开发利用实践充分证明：提高水资源优化配置水平和效率，是提高水资源承受能力的根本途径；实施和完善取水许可制度，是提高水资源承载能力的一项基本措施。实施取水许可制度，在理论和实践上，应首先考虑自然水权和社会水权的分配问题，也就是社会水权的总量、分布与调整问题。完善取水许可制度，实质上就是加强取水权总量管理，提高水资源承载能力和优化配置效率；加强宏观用水指标总量控制和微观用水指标定额管理，促进了计划用水、节约用水和水资源保护；建立水资源宏观总量控制指标体系和水资源微观定额管理指标体系，提高水资源开发利用效率。

取水许可制度，这是大部分国家都采用的一种制度安排。从各国的法律规定来看，用水实行较为严格的登记许可制度，除法律规定以外的各种用水活动都必须登记，并按许可证规定的方式用水。

在取水许可方面，除家庭生活和零星散养、圈养畜禽等少量取水外，直接从江河、湖泊或者地下取用水资源的单位和个人，应当按照国家取水许可制度和水资源有偿使用制度的规定，向水行政主管部门或者流域管理机构申请领取取水许可证，并缴纳水资源费，取得取水权。用水应当计量，并按照批准的用水计划用水。用水实行计量收费和超定额累进加价制度。

二、建设项目水资源论证制度

1. 项目成立的基础与前提

建设项目必须符合行业规划与计划；符合国家有关法规与政策（要对节水政策宏观调控政策以及环境保护方面的政策加以特别关注）；重大建设项目必须得到有权批准部门的认可。

2. 项目取水合理性的前提

符合水资源规划，包括水资源的专业规划；符合取水总量控制方案以及政府间的协议，上级政府的裁决；以上前提必须以有效文件为准；需要工程配套供水的，应当与工程实施相衔接。

（1）水资源规划依据不足，主要是水资源规划基本上以建设为主要内容，对水资源管理的需要考虑过少，难以作为论证的依据。

（2）水资源规划层次性不强，省的规划常常过于具体，无法适应现在快速发展的社会的需要，导致规划与现实脱节。

3.项目取水本身的合理性

这是传统的审查内容，主要是把握水源的供给能力，一般水利部门审查这一方面内容没有问题，有明确的规范与标准。但现在最大的问题是：规划与实际脱节，例如许多水库灌区实际上已经不再依靠水库灌溉，但水利部门往往不对水库功能进行调整，导致从功能上审查，水库已经无水可供，但实际水库上水量大量闲置；还有，建设项目提出的保证率往往高于实际需要，例如城市供水，按规范要求，大城市保证率要大于95%，但实际供水时保证率要求没这么高，同时真正不可或缺的生活饮用水只占城市供水的极小部分；实际上已经成为房子，但管理部门的图纸上仍然是农田。论证单位对自己的地位把握存在问题，常常通过"技术处理"解决这一问题，这是审查要注意的。

建议审查时仍然按照正式的书面依据进行把握，否则容易造成被动。

4.项目用水的合理性

这是目前审查中较为薄弱的一块。水资源论证制度的本意，是通过这一制度，强化水行政主管部门对用水进行管理，它的内涵十分丰富，但基本上被其忽略了。根据它的要求，审查应当审查到具体工艺、设备和流程，但实际操作中，基本没有涉及，是需要加强的一个大类。

几种用水方式:（1）冷却方式的选择（直流与循环冷却）、换热器效率（换热系数）、冷却塔损耗；（2）洗涤方式，顺流洗涤与逆流洗涤、串联洗涤与并联洗涤、多级洗涤与一次洗涤；（3）水的串用、回用；（4）设备选型；（5）工艺选型（是否可以采用无水或少水工艺，考虑其经济成本）。

一般来说，比较的方式有同等工艺比较、定额比较和总量比较等，比较深入的有对用水每个环节进行用水审查（这已达到用水审计的深度，一般目前还没有能力使用）。

5.退水的合理性

这主要应当根据对水功能区和河道纳污总量进行审查，相对比较简单。对于可以纳入污水管网的，一般要求纳入污水管网。

审查时对照有关政策与法规，并对照有关技术规范与标准。

6. 其他

在审查中要特别注意的是：

（1）要实事求是，坚决反对所谓的"技术处理"。

（2）严格按照规范操作，对于取水水量或保证率达不到要求的要按照实际情况写明，这是对项目或业主真正的负责。

（3）不要盲目地套用建设项目的行业标准，因为建设项目是否符合其行业标准，是业主思考或解决的问题；而对审查方来说，主要是要明确其取水的合理性以及其取水是否影响其他合法取水者的权益。综上所述，不能盲目套用其他行业的规范，甚至搞"技术处理"。

（4）要正确理解《水法》规定的取水顺序，河网和河道等开放水域实际上不存在取水的优先顺序，因为我们目前的管理手段是无法按优先顺序管理取水的，所以只能计算实际可达的保证率。另外，城市供水的保证率是值得商榷的，因为没有必要对城市总用水量按规范规定的保证率供水，城市总用水量并不享有《水法》规定的优先权，而是其中的生活饮用水才享有优先权。

（5）要充分注意论证的依据问题。目前大多数论证缺乏对自己论证所依据的资料进行验证与取舍，并且常常不提供依据的证明文件，这很容易造成结论的错误。

建设项目水资源论证的定位和重点如下：

建设项目水资源论证工作是改变过去"以需定供"粗放式的用水方式，向"以供定需"节约式用水方式转变的过程中的一项重要工作。建设项目立项前进行水资源论证，不仅促进水资源的高效利用和有效保护，保障水资源可持续利用，减低建设项目在建设和运行期的取水风险，保障建设项目经济和社会目标的实现，而且可通过论证，使建设项目在规划设计阶段就考虑处理好与公共资源——水的关系，同时处理好与其他竞争性用水户的关系。这样，不仅可以使建设项目顺利实施，即使今后出现水事纠纷，由于有各方的承诺和相应的补偿方案，也可以迅速解决。对于公共资源管理部门，论证评审工作可以使建设项目的用水需求控制在流域或区域水资源统一规划的范围内，从源头上管理节水工作，保证特殊情况下用水调控措施的有序开展，保证公共资源——水、生态和环境不受大的影响，使人与自然和谐相处。所以，建设项目的论证工作对于用水户和国家都十分重要，是保证水资源可持续利用的重要环节。

建设项目水资源论证目的可归纳为：保证项目建设符合国家、区域的整体利益；从源头上防止水资源的浪费，提高用水效率；特殊情况下，政府的用水调控提供技术依据；为实现流域（区域）取水权审批的总量控制打下基础；预防取用水行为带来的社会矛盾；为取水主体提供取水风险评估和降低取水风险措施的专业咨询，以便于取水主体在项目建设前把水资源供给的风险纳入项目风险中进行考虑。

　　因此，落实好建设项目水资源论证制度既服务于水资源管理，服务于公共利益，也服务于取水主体利益。为实现上述目标，建设项目水资源论证应包含以下主要内容：建设项目是否符合国家产业政策，是否符合区域（流域）产业政策和水资源规划；建设项目的取水量是否合理，从技术和工艺层次上分析其用水效率，做横向的对比（配套节水审批），同时对项目的用水特点进行详细的分析，按照生活用水量、生产用水量（需要细分）、景观用水量等进行归类，制定出企业不同优先等级的用水量；流域取水权剩余量是否能满足建设项目的取水权申请，取水行为、取水方式及退水对其他取水户取水权的影响及弥补措施；利用过往水文资料评估取水户不同等级用水量的风险度，分析其对企业带来的风险损失，在此基础之上，设计降低企业用水风险的对应措施；优化建设项目水资源论证程序。受经济利益的影响，水资源论证资质单位缺乏技术咨询机构的独立性，往往成为业主单位利益的代言人。出现这种现象的深层次原因是，建设单位往往把水资源论证视为项目建设的门槛，而没有认识到取水风险是项目建设、运行所必须面对的主要风险之一。而这背后又是由于项目建成后的用水往往较少按照论证报告严格执行，在突破取水权的情况下受到的惩罚较小，以致企业漠视取水风险。所以，解决这个问题必须加强对取水户的取水监控，加大超许可取水的惩罚力度。在此基础上，加强论证单位资质管理，提高水资源论证资质单位的职业道德。对项目报告质量多次达不到要求的，要降低资质等级，直至撤销论证资质。对论证报告进行咨询分析属于政府行使行政审批职能的一部分，其费用应纳入政府的行政经费预算中，不应由业主单位负责。政府部门则是可以通过打包招标的方式，确定每年建设项目水资源论证报告的咨询单位，提高报告咨询质量。目前的水资源论证内容和方式不适应水资源管理工作的深入开展。应加强水资源论证负责人和编制人员的培训，明确各资质单位开展水资源论证的主要目的，改变现有水资源论证基本套路，从而更好地为水资源管理服务。

三、计划用水制度

1.计划用水的前提或理论依据

　　从理论上讲，计划用水是一种提高水资源利用效率的手段。计划用水有两种假设：一是由于水价受到种种因素的制约，节约用水在经济上并不划算或者收益较小，使人们节水的动力不足；二是受到水源供水能力的制约，政府不可能提供足够的水量满足所有用户的需求，为此不得不采用按可供能力分配的手段，从而实现供需的平衡。第一种情况是普遍的，用户在使用资源时，必然进行经济上的比较。一般认为价格与需求量成反比，只要提高价格就能起到节约用水的效果，这是受到微观经济学供需平衡曲线的影响。实际上，经济学研究证明，价格与需求是否成反比还决定于弹性，只有富有弹性的商品，这种关系才成立。对于弹性较差的商品，这种关系并不成立，或者是关系并不明显。对于刚性商品，这种关系完全不存在。其实，对于一个企业来说，它使用的资源较多，而决定企业成本的并不是每种资源的价格，而是各种资源的总费用。一种资源价格尽管高，但是如果其使用量不大，那么其总费用较低，在这种情况下，价格对节约起的作用仍然是微乎其微的。另一种情况是由于水是一种较易取得的资源，而且是一种用途极其广泛的资源，其价格不可能太高，而且远远无法达到企业的成本敏感区，因此为了促进节约用水，应采取行政干预的手段，即下达用水计划，强制企业节约用水。以上的论述，从理论上讲是正确的。

2.计划用水制度的困难

计划用水制度的操作性存在问题，影响了它的适用范围。首先，用水的计划如何制订，一般认为计划用水可以依靠用水定额科学地制订，从而核定每一用户的合理用水总量。然而，这种方法存在一个最大的问题，那就是如何科学地核定用水定额。我国已成为世界制造业大国，产品种类繁多，不胜枚举，任何的定额必然不可能穷尽所有的产品，从而使这一做法存在着天然的漏洞。其次，任何一种产品的定额制订都需要一定的周期，而在产品更新如此快的时代，一种产品定额还没有制订出来，产品已经更新的可能性非常大，无法跟上产品的变化节奏。第三，使用产品定额核定企业用水总量，必须全面掌握企业产品生产的计划与过程，但这不仅牵涉商业机密问题，而且使用也需要巨大的工作量，牵涉到巨大的行政管理力量。计划用水应当适用于较小范围的、相对单纯的，或者说共通性较强的产品，它不适合全面推行。

四、节水三同时制度

《水法》及其配套法规明确了节约用水的三同时制度，明确了建设项目的节约用水设施必须与主体工程同时设计、同时建设、同时投入使用，从而在工程建设上避免了重主体工程、轻节水设施的问题，保证了建设项目节水工作的到位。从目前情况来看，节水三同时制度执行情况并不理想，各级水行政主管部门并未对建设项目的节水设施进行有效管理，迫切需要加强。

当前节水三同时制度执行较差的原因是：首先，缺乏相关的配套制度，由于建设项目用水情况的复杂性，对建设项目节水设施的管理也较为复杂，管理部门无力进行实质性的管理。其次，节水设施实际上与用水设施难以绝对区分，针对某一具体项目，如不对其用水工艺、设备进行实质性审查，很难确定其用水是否合理，或者说是否符合节水要求。最后，目前采用的节水管理相关的技术规范难以对建设项目用水效率进行实际的、有效的控制，目前常用的用水定额标准就存在着产品种类较多、生产工艺复杂、定额标准难以有效覆盖等问题，即使是已经制订的定额也因标准浮动幅度过大，难以对其用水水平进行法律上有效控制。最后，目前节水三同时还缺乏与之相对应的管理标准，对如何保证同时设计、同时施工、用时投入使用还缺乏相应的具体规定，导致这一制度并未得到有效实施。

五、入河排污口管理制度

一些排污企业未经批准，随意在行洪河道偷偷设置入河排污口，对堤防和行洪河道的安全构成了潜在的威胁。当发生洪水时，污水将随着洪水漫延，扩大了污染区域，也使洪水调度决策更加复杂。

1. 排污口设置审批制度

按照公开、公正、高效和便民的原则，对入河排污口设置的审批分别从申请、审查到决定等各个环节做出了规定，包括排污口设置的审批部门、提出申请的阶段、对申请文件的要求、论证报告的内容、论证单位资质要求、受理程序、审查程序、审查重点、审查决定内容和特殊情况下排污量的调整等。

2. 已设排污口登记制度

《水法》施行前已经设置入河排污口的单位，应当在本办法施行后到入河排污口所在地县级人民政府水行政主管部门或者是流域管理机构进行入河排污口登记，由其逐级报送有管辖权的水行政主管部门或者流域管理机构。

3. 饮用水水源保护区内已设排污口的管理制度

县级以上地方人民政府水行政主管部门应当对饮用水水源保护区内的排污口现状情况进行调查，并提出整治方案后报同级人民政府批准后实施。

4. 入河排污口档案和统计制度

县级以上地方人民政府水行政主管部门和流域管理机构应当对管辖范围内的入河排污口设置建立档案制度和统计制度。

5. 监督检查制度

县级以上地方人民政府水行政主管部门和流域管理机构应当对入河排污口设置情况进行监督检查。被检查单位应当如实提供有关文件、证照和资料，监督检查机关有为被检查单位保守技术和商业秘密的义务。为了保证以上制度的有效执行，《办法》还规定了违反上述制度所应承担的法律责任。

建设项目需同时办理取水许可手续的，应当在提出取水许可申请的同时提出入河排污口设置申请；其入河排污口设置由负责取水许可管理的水行政主管部门或是流域管理机构审批；排污单位提交的建设项目水资源论证报告中应当包含入河排污口设置论证报告的有关内容，不再单独提交入河排污口设置论证报告；有管辖权的县级以上地方人民政府水行政主管部门或者流域管理机构应当就取水许可和入河排污口设置申请一并出具审查意见。

依法应当办理河道管理范围内建设项目审查手续的，排污单位应当在提出河道管理范围内建设项目申请时提出入河排污口设置申请；提交的河道管理范围内工程建设申请中应当包含入河排污口设置的有关内容，不再单独提交入河排污口设置申请书；其入河排污口设置由负责该建设项目管理的水行政主管部门或流域管理机构审批；除提交水资源设置论证报告外，还应当按照有关规定就建设项目对防洪的影响进行论证；有管辖权的县级以上地方人民政府水行政主管部门或者流域管理机构，在对该工程建设申请和工程建设对防洪的影响评价进行审查的同时，还应当对入河排污口设置及其论证的内容进行审查，并就入河排污口设置对防洪和水资源保护的影响一并出具审查意见。

六、纳污能力核定制度

在划定水功能区后要对水域纳污能力进行核定，提出限制排污总量意见，在科学的基础上对水资源进行管理和保护。它在法律层次上不仅肯定了河流纳污能力的有限性，而且规定了保护水资源的底线目标，即对向河流排污的管理必须以河流纳污能力为基础，入河排污量超过纳污能力的应当限期削减到纳污能力以下，尚未超过的部分不得逾越。纳污能力核定制度是水功能区管理的一种基本手段，目的是控制水污染，是水行政主管部门首个比较明确的制度，使其在水质上面有法定依据的发言权。

从理论上讲，河道纳污能力与季节、水量、河道形态、生态结构以及污染源的分布、排放方式、排放规律有关，不是一个确定的值；不同的污染物其纳污总量是不同的，而污染物是无法穷尽的。

目前的技术规定，从理论上讲存在的问题主要是河道径流特性不同，单纯只用保证率的方法确定河道设计水量，极容易造成控制过宽或是过严的问题。

七、水功能区管理制度

主要管理内容：规划或建设项目的依据；江河水质监测特别是评价的依据；入河排污口审查审批的依据；江河纳污能力核定的依据。

水功能区分为水功能一级区和水功能二级区。水功能一级区分为保护区、缓冲区、开发利用区和保留区四类。水功能二级区在水功能一级区划定的开发利用区中划分，分为饮用水源区、工业用水区、农业用水区、渔业用水区、景观娱乐用水区、过渡区和排污控制区七类。

目前管理手段与制度还比较缺乏。要真正实现水功能区管理的目的，使其成为水资源管理的重要手段，成为水资源开发利用的重要依据和水资源可持续利用的重要举措，仍然存在以下几方面的不足。

1. 管理的目标仍然太窄，仍局限在水质保护方面

一直以来，水行政主管部门组织的水功能区划，基本局限在水资源保护方面，针对的是水污染问题，跳不出水质保护的框框。公布的区划结果，一般都是功能区名称、范围及水质保护目标，与环保部门的工作出现重复，并未体现水行政主管部门的职责，即从水资源的综合利用、可持续利用的高度来确定水域的主要功能用途。目标太窄或是定位太低，是水功能区管理存在的最大不足。

2. 水功能区管理的意义、作用没有得到正确认识

水利部审时度势，从国家水安全利用、国家经济振兴的高度出发，提出了新的治水思路。要实现治水思路的根本调整，必须有具体的、可操作性强的措施，抓住水功能区管理，就是实现治水战略调整的核心。因为水功能区是一项最综合的指标，可以说，所有的水资源开发、利用、保护都与水体功能有关，一旦水体某项要素不符合功能设定的要求，就要丧失使用价值，出现水的供求矛盾甚至危机。例如在通航优良的河道上建坝，因为缺乏水功能区管理，建设单位根本不顾及通航要求，拦河建坝不修船闸，层层梯级开发使黄金通航水道彻底丧失；由于缺乏整个流域或区域的水功能区划与水功能区管理，以致良好的坝址丧失价值；例如城市给水与排水问题、渔业养殖与水质保护问题、防洪筑堤与生态保护问题、滞洪区与经济社会发展问题等，都可以归纳为缺乏有效可行的水功能区管理造成的。

3. 水功能区管理的投入机制并未建立，实施管理的困难大

实施水功能区管理，需要有稳定的投入，它不像其他的行政审批制度，也不像某项工程任务，一次投入即可。水功能区管理的支出包含有两大部分：（1）用于维护水功能正常发挥作用；（2）用于监督管理水功能区，如水功能区要素监测，流量、水位、水质等指标的实时监测，水功能区设施的建设，信息化的建立与运转等。过去与现在，尚未建立起投入机制，这是目前最紧迫的问题。水功能区管理的可达性很大程度上依赖于投入的稳定程度。

4. 管理的目标单一，不能全面反映水功能区的要求

现行的水功能区划结果，实质上只是提供了实现水功能的水质目标，而其他关键性指标，如流量、水位、流速、泥沙及生态保护方面（如功能区内的用水量、水资源承载能力、水环境承载能力等）的基本指标，均是衡量水功能能否正常发挥作用的关键指标，目前还是空缺，这对水功能区管理是十分不利的。

八、水资源规划制度

规划是管理重要的技术依据，规划有两类做法，一类是从技术出发，目的是合理开发利用与保护水资源，主要的做法是摸清资源赋存状况，再根据可供水资源与水资源需求，进行供需平衡，在无法平衡的情况下，开发新工程或对需求进行管理，从而达到水资源的供需平衡，达到水资源效益的最大化，在技术上保证水资源最合理的利用或保护。但这种规划有一个最大的问题，由于它的提出是从技术层面的所提出的管理要求，也是从属于技术的，是为了保证技术层面规划的结果真正得到实现。但是从实际执行的结果来看，水资源技术规划执行的效果并不理想，还存在着管理与实际脱节问题，特别是在管理措施的落实方面，这类规划也无法为管理提供明确的措施与手段。

九、水资源调度业务制度

水资源调配是为综合利用水资源，合理运用水资源工程和水体，在时间和空间上对可调度的水量进行分配，以实现受水区本地水源与客水的科学配置。适应相关地区各部门的需要，保持水源区和受水区的生态和经济可持续发展。可调水量是考虑水库、湖泊等水源地现有蓄量、长期以来水预估、工程约束、发电和下游航运需求等条件，在一个调度周期能够输出的水量。

水资源调配包括水资源规划配置、年水资源调度计划制订、月水资源调度计划制订、旬水资源调度计划制订、实时调度以及应急调度等调度业务的在线处理。为水资源调度工作人员的日常业务工作提供包括文档接收（上级文档的接收和下级文档的接收）、文档发送（包括向上级的上报和向下级的下发）、用水计划受理、水调报表自动生成（包括水调日报、水调旬报、水调月报、水调年报）等功能。

水资源调配的目的在于最优地利用有限的水资源，为国民经济的可持续发展服务，水资源调配依据目前的水资源形势。采用专业技术为决策者提供多角度、可选择的水资源配置、调度方案，以供相关部门决策参考。

水资源调配先是对当前水资源的评价，包括水资源数量评价、质量评价、开发利用评价及可利用量评价等，进而对未来的需水量、可供水量进行预测，在此基础上进行水量供需平衡分析和水资源优化配置，并利用优化目标规划模型等专业技术进行科学调度，制定出各种条件下水资源的合理配置、调度方案。

根据水资源分配规定制定的水资源分配和调度方案，按照水资源总量控制和定额管理的原则，可以对流域或区域的水资源调度过程进行监控。

第四节　管理流程的标准化建设

在水资源管理规范化建设的制度框架体系下，对于水资源管理的管理流程进行标准化设计也是水资源规范化建设的内在需求，是依法行政的重要前提，在此对水资源管理的工作流程和水资源保护的工作流程进行了设计，具体如下。

一、水资源管理的标准化流程建设

水资源管理制度的目标是：建立制度完备、运行高效，与经济社会发展相适应、与生态环境保护相协调的水资源管理体系。进一步进行完善和细化水量分配、水资源论证、水资源有偿使用、超计划加价、计划用水、用水定额管理、水功能区管理、饮用水水源区保护等国家法律、法规已明确的各项管理制度。在对水资源管理体制框架进行整体综合设计的基础上，明确规范化建设组成制度及相应的制度内容，对在水资源规范化管理制度框架下的核心管理制度的规范化工作流程进行梳理，从而克服目标不一致、信息不对称、行动效率低下等问题。

1. 水源地管理

加强供水水源地管理，是提高公共健康水平、保障经济社会又好又快发展的重要措施。其管理内容包括：

（1）供水水源地基本信息管理：要求水源地主管部门将供水区域、人口等有关基础信息按规定要求录入管理系统，掌握其水源地基本情况。

（2）供水水源地水质安全影响因素管理：开展对于水土流失、农田分布、居民点分布等潜在污染因素的调查，并将有关调查结果输入数据库，并形成相应的 GIS 图件，为分析与管理提供基础。

（3）来水水量、水质管理：对水源地的降雨量、主要河流的流量进行监测，对来水水质进行定期监测，以掌握水源地水量水质变化情况。

（4）水源地安全评估：在调查分析实时污染因子和水质情况的基础上，对水源的安全情况和变化的趋势进行定期的综合评估，发现水源地保护中存在的不足和薄弱环节。饮用水水源地安全评估必须着重考虑五个方面因素：一是水量、水质安全达标情况；二是保护措施是否满足保障水源安全的要求；三是水源地安全要求与受水区域经济社会发展之间是否协调；四是以发展的观点分析水源安全措施是否适应社会对饮用水水质不断提高的要求；五是水源地的开发和规划是否符合水源地安全的要求。

（5）根据安全评估结果，结合现实需求，制定相应的水源地保护管理目标，并制定相关的保护规划。

（6）根据规划要求，对需要采取工程措施保护的水源地制订水源地保护工程实施方案，同时研究制定水源地保护长效管理制度。

（7）工程实施管理：对采取工程保护措施的水源地需要进行工程实施进度管理，以保障工程的顺利推进。

（8）长效管理制度主要包括：

危险品监管制度：对进入库区和在库区产生的（包括产品中间体）国家危险化学品名录中的化学物质实行登记与核销制度，进行全过程监控；对库区危险化学品运输实行准运制度，明确运输时段、运输方式、运输路线，并明确安全保障条件和应急措施。

排污口管理制度：要对水源地保护区范围内现有的排污口进行登记，同时，按照法律法规和保护规划要求严禁新设排污口，并提出对现有排污口的整治措施。

污染源管理：要求对库区内污染点源进行登记，对新增污染源需进行申报并严格按照保护规划要求进行审批。

水源地保洁制度：水库水源地要建立覆盖库区主要河流和水库水面的水域保洁制度，建立"综合考核、分工协作、专业养护、人人参与"的保洁工作机制。由水利部门牵头组织对水库水源地水域保洁工作进行监督管理和综合考核；水库管理机构、乡镇、村按照各自的职责负责具体做好相应水域的保洁工作；在具备条件的地区要积极引入竞争机制，落实专业保洁队伍，用市场化方法开展水库水源地水域保洁工作。

水源地巡查举报制度：要强化对库区水源地情况的动态监管，建立基本的巡查制度，明确巡查内容、巡查方式方法、巡查次数、巡查纪律、巡查责任以及巡查的报告程序和时限等内容，确保做到发现问题及时上报、及时处理。针对水库水源地人口经济的实际情况，标出重点区域的位置和易发生污染水源的重点区域，落实具体巡查责任人。每个水库水源地都要建立专门的举报电话，也可以建立网上举报渠道，同时需要建立有奖举报机制。

水源地长效管理制度正在不断地探索与完善过程中，其需求也随着管理的深入不断拓展。

（9）实施效果评估：将定期对水源地保护规划实施情况进行评估，及时发现水源保护中存在的薄弱环节和管理上的漏洞，以促进水源地保护工程的持续改进。实施效果评估的结果反馈到水源安全评估环节，作为保护规划修编和改进的主要依据。

2. 地下水管理

随着地表水源替代工程的建设和地下水禁限采工作的推进，地下水资源将主要发挥事故应急备用、抗旱用水的功能。而加强地下水资源的管理是地下水禁限采工作顺利推进的重要保障，也是发挥其应急备用功能的工作基础。其业务工作内容包括：

（1）地下水调查与评价：对地下水资源及其开发利用情况进行调查评价，掌握地下水资源的分布区域、地下水水质类型和不同类型地下水的开发利用量、地下水开采井的空间分布、地下水降落漏斗分布区等基本信息。

（2）提出地下水保护目标：根据地下水调查评价的结论，结合水资源开发利用的整体部署，分区域制定地下水保护目标。在平原承压区，明确将承压地下水资源定位为应急备用和战略备用水源；在河谷浅水区，原则上地下水作为应急备用和抗旱用水；在红层地下水分布区，也应逐步控制地下水开采，最终将其作为应急备用水源。

（3）划定地下水禁限采区域：根据区域地下水调查评价的结果，结合区域地下水保护目标，分阶段提出地下水开采调整规划，并划定相应的禁采区与限采区。

（4）地下水监测站网管理：根据地下水管理的需要，要不断补充完善地下水水位、水质站网的布设，并对监测设施进行相应的改造，同时要制定地下水站网布设的技术要求和管理规范，为地下水站网的动态管理打下基础。

（5）地下水应急取水井管理：结合禁限采工作，改造一批地下水开采井，以满足未来应急取水的要求。制定地下水应急取水井布设的技术规范，同时，制定调整应急取水井的管理规定。根据制定的相关规定，对于地下水应急取水井的名录、地理位置、取水能力、水质等基本内容进行管理。

（6）地下水封井进度管理：根据禁限采目标，制定年度封井指标，并对其实施情况进行动态监管。

（7）定期开展地下水水位水质监测：根据管理要求，制定相应的地下水水质水位监测规范，定期对下水水质水位进行监测，同时对部分重要站点探索开展自动监测。

（8）管理效果评估：在综合分析地下水水位水质监测、地下水禁限采开展情况、应急备用井管理、监测站网管理等工作的基础之上，开展地下水管理效果评估，相关结果作为调整地下水保护目标、完善地下水管理制度的重要依据。

3.计划用水与节约用水管理

计划用水与节水管理主要包括：节约用水法规政策管理、用水定额制定和使用管理、行政区域年度取水总量管理、取水户取水计划管理，节水施工项目管理、取水户水平衡测试和节水评估管理、节水"三同时"管理。

（1）节约用水法规政策管理：在梳理现有节约用水法规政策体系的基础上，提出完善节约用水法规政策体系的建议，逐步形成有利于节约用水工作开展的体制机制，同时要加大现有法规政策的执行力度。

（2）用水定额制定和使用管理：建立用水定额动态调整的工作机制，根据浙江省块状经济发达的特点，选择一批有实力的龙头企业，牵头开展其对应领域的产品用水定额编制。水行政主管部门对其提出的用水定额修订方案进行分析、论证和审查，成熟的方案纳入用水定额标准，从而提高用水定额的实用性。同时，对定额使用过程中出现的问题和修改建议及时进行整理，以进一步提高定额制定的科学性。

（3）行政区域年度取水总量管理：根据水资源管理的实际情况，区域年度取水总量计划将分为"指令性计划"和"指导性计划"两类进行管理，其相应的管理对象和范围将随着水资源管理基础工作的加强逐步进行调整。本年度制定下一年度的区域年度取水总量控制计划；在执行过程中要对计划执行情况进行通报，及时预警，并按照有关规定，要求地方采取相应的措施；年终要对上一年度计划执行情况进行评估，以利于计划制订工作的持续改进。

（4）取水户取水计划管理：各市县根据上级下达的区域年度取水总量，制订区域内取水户的年度取水计划。对超计划取水的取水户实行超计划累进加价征收水资源费；对要求调整计划的取水户，取水户提出计划调整申请，并说明调整的理由和要求，原计划下达机关将综合考虑有关因素进行审批。水行政主管部门对取水户取水计划执行情况，及时进行预警。同时，取水户要对年度取水计划执行情况进行总结，并上报给水行政主管部门。

（5）水行政主管部门具体组织实施农业节水项目，保障工程按规划推进。与此同时，要及时掌握其他部门节水工程实施进度。

（6）取水户水平衡测试和节水评估：其中，大耗水工业和服务业的用水户定期组织进行水平衡测试。对超计划取水的自备水源用户，水行政主管部门也要开展水平衡测试和节水评估。

（7）节水"三同时"管理：对新增自备水源取水项目，将相关的节水设计、施工和运行要求，融入建设项目水资源论证和取水许可审批管理流程中，一并开展管理。对已有取水项目，将通过节水评估、计划用水、水平衡测试等倒逼机制和技术措施，开展节水"三同时"管理工作。对管网取水户将探索开展节水"三同时"备案或审批工作。

其中，行政区域年度取水总量的管理内容是：根据水资源管理的实际情况，区域年度取水总量计划将分为"指令性计划"和"指导性计划"两类进行管理，及其相应的管理对象和范围将随着水资源管理基础工作的加强逐步进行调整。本年度制订下一年度的区域年度取水总量控制计划；在执行过程中要对计划执行情况进行通报，及时预警，并按有关规定要求采取相应的措施；年终要对上一年度计划执行情况进行评估，以利于计划制订工作的持续改进。

4.取用水管理制度和内容及管理流程

取水许可管理主要是取水许可的审批工作，主要工作内容如下：

（1）实现对取水许可的审批和管理；

（2）输出许可、处罚及批准通知书等文件；

（3）建立取水许可数据库，对取水单位信息和水环境影响等建库。在必要时，对取水许可证进行核定；

（4）每年对取水单位的取水量、取水执行情况等进行汇总，形成报表上报，并辅助制订区域取水计划的安排。

建立取用水管理制度，严格执行取水许可申请、受理和审批程序，优化审批流程，缩短审批时间，加快电子政务建设，推行网上审批，提高办事效率。取水许可审批单位除了应当对取水许可申请单位提供的材料进行严格审查外，对于重大建设项目或者取排水可能产生重大影响的建设项目，均应该安排2名或者2名以上工作人员进行实地查勘，取水许可审批现场勘查率不得低于70%。应建立水资源管理机构内部集体审议制度，防止取水审批决策失误，严禁各种形式的取水审批不作为和越权审批行为发生。取水工程或设施竣工后，取水审批机关应当在规定的时间内组织验收。重大取水项目应当组织5名（含5名）以上相关工程、工艺技术专家组成验收小组进行验收，其他项目组织2名（含2名）以上人员进行验收。取水工程或设施验收后，验收组应当出具验收报告，验收合格者由取水许可审批单位下发取水许可证。取用地下水的，取水许可审批机关应当对凿井施工单位的凿井施工能力进行调查核实，对凿井施工中的定孔、下管、回填等重要工序进行现场监督，省级水行政主管部门应制定颁布取水工程验收管理办法，细化验收组织形式、验收程序和验收具体内容。地方各级水行政主管部门应当将取水许可证的发放情况定期进行公告，广泛接受社会监督。

5. 水资源费征收管理制度及管理流程

水资源费的征收及使用管理工作主要包括三部分内容：一是对取水户的征费及缴费管理；二是对省、市、县三级水资源费结报管理；三是全省水资源费的支出管理。

（1）取水户的征费及缴费管理。水资源费征收主体为各级水行政主管部门。具体征收机构较为复杂，大致有以下几种：一为各地水政监察机构；二为各地水资源管理机构；三为各地水行政主管部门财务管理机构。各地水资源费征收程序一般为：首先，现场抄录取水量数据并要求取水户签字认可或从电力部门获取水电发电量数据；其次，根据双方认可的取水量（发电量）和收费标准核算水资源费并发送缴款通知书；最后，用水户按照缴款通知书要求缴纳水资源费。近年来，有些地方在缴费方式上开展了"银行同城托收"，方便了取水户缴纳水资源费。

（2）水资源费结报管理。省水行政主管部门一年开展两次全省水资源费结报，并开具缴款通知书；各市、县持缴款通知书向同级财政提出上划申请；同级财政审核后及时将分成款划入省、市水资源费专户。

（3）水资源费支出管理。水资源费均实行收支两条线管理。省级水资源费使用是由省水行政主管部门编制预算，经省财政审核和省人大批准后执行。大多数市县能将水资源费主要用于水资源的节约、保护和管理，但也有部分市县未能严格按照规定执行到位。省水资源费征管机构对各地水资源费使用情况进行统计，不定期开展监督检查，及时督促各地纠正水资源费使用中不合规定的行为。

（4）水资源费征收标准的制定。根据国家资源税费改革的有关政策，结合各水资源的实际情况，加强与发展改革委、物价等有关部门的沟通协调，建立水资源费征收标准调整机制，促进水资源的可持续利用。

（5）水资源费征收工作考核。根据其各地实际取水量和发电量，核定各地足额征收水资源费应收缴的水资源费金额，对比各市县实际收缴金额，可核算得到各地水资源费的征收率。水资源费征收率的结果将作为水资源费征收工作考核的重要指标。

地方各级水行政主管部门水资源管理机构，应当加强水资源费征收力度，提高水资源费到位率，严禁协议收费、包干收费等不规范行为。规范水资源费征收程序，在水资源费征收各个环节，按规定下达缴费通知书、催缴通知书、处罚告知书、处罚决定书。水资源费缴费通知书、催缴通知书、处罚告知书、处罚决定书文书式样由省级水资源管理机构统一制定，以规范水资源费征收管理。凡征收水资源费使用"一般缴款书"的，水资源费征收单位应当按时到入库银行核对各有关单位水资源缴纳情况，对于未能按时缴纳水资源费的单位，即时按规定程序进行追缴。但凡征收水资源使用专用票据的，票据应当由省财政部门统一印制，由省级水行政主管部门统一发放、登记，并收回票据存根，防止征收的水资源费截留、挪用和乱收费等违法行为发生。各地应当按照规定的分成比例，及时将本级征收的水资源费移交上级财政。核算水资源费征收工作成本，建立水资源费征收工作经费保障制度。

6. 取水许可监督管理制度及管理流程

取水许可监督管理机关除了应当对取水单位的取水、排水、计量设施运行及退水水质达标等情况加强日常监督检查，对取水单位的用水水平定期进行考核、发现问题要及时地去纠正外，还应当在每年年底前，对取用水户的取水计划执行、水资源费征缴、取水台账记录、退水、节水、水资源保护措施落实等情况进行一次全面监督检查，编报取水许可年度监督检查工作总结，并逐级报上级水资源管理机构。

全面实施计量用水管理，纳入取水许可管理的所有非农业取用水单位，一级计量设施计量率应达到100%；逐年提高农业用水户用水计量率。建立计量设施年度检定制度和取水计量定时抄表制度，取水许可监督管理部门除对少数用水量较小的取水户每两个月抄表一次外，其他取水单位应当每月抄表。抄表员抄表时应当与取水单位水管人员现场核实，相互签字认定，并将抄表记录录入管理档案卡。建立上级对下级年度督查制度，强化取水许可层级管理。

7.档案管理制度及工作内容

各级水资源管理机构应当规范水资源资料档案管理工作，设立专用档案室，由具备档案专业知识人员负责应进档案室资料的收集、管理和提供利用工作。建立健全各项档案工作制度，严格规范档案销毁、移交和保密等档案管理的各项工作程序和管理规定，应当归档的文件材料即时移交档案管理人员归档。取水许可、入河排口审批及登记资料实施分户建档，内容包括申请、审批、年度计量水量、年度监督检查情况以及水资源费缴纳等各项资料。建立水资源管理资料统计制度，对水资源管理各项工作内容分类制定一整套内部管理统计表，如取水许可申请受理登记表、取水许可证换发登记表、计量设施安装登记表、用水户用水记录登记表等，实现档案管理的有序化和规范化。

8.建设项目水资源论证制度及管理流程

水资源论证管理包括对论证单位的资质管理和对论证报告的评审管理。

（1）论证单位的资质管理

根据水利部论证单位资质管理的有关规定，对资质单位的授予流程进行管理，授予资质后加强对其资质使用和业务开展的监督管理。其主要的管理工作内容包括：

受理。每年6月1日至6月30日申请单位按规定提交申请材料，经过主管部门签署意见后，报省水行政主管部门。省水行政主管部门收到申请人提交的送审材料，如果发现材料不齐全或不符合规定的，当场或者在5个工作日内一次告知申请人，逾期不告知的，自收到送审材料之日起即为受理。不予受理的，向申请人书面说明理由，告知权利。

审查。受理后，在20个工作日内完成甲级资质的初审工作，并签署初审意见，上报至水利部；在20个工作日内完成乙级资质的审批工作。省水行政主管部门核实提交申请材料的真实性，同时将相关的权利、义务和专家评审所需时间告知申请单位。

审查的主要内容。资质单位的审查内容主要包括资历和信誉、技术力量、技术装备、业务成果四个方面。

资质单位论证工作评估。为了进一步加强对论证单位的监督管理，定期对资质单位的论证工作进行评估，主要对其资质使用情况、论证报告质量、论证违规行为等内容进行监督检查，评估结果作为资质管理的重要依据。

（2）建设项目水资源论证报告的审批管理

建设项目水资源论证工作主要是对建设项目所在流域或区域水资源开发利用现状、取水水源、取用水量合理性、退水情况及其对水环境影响、开发利用水资源对水资源状况及其他取水户的影响，以及水资源保护措施等进行分析、论证和评价。

受理。受理后，水行政主管部门当场或者在5个工作日内将不符合受理要求的内容一次告知申请人，逾期不告知的，自收到送审材料之日起即为受理。申请人在接到补正通知之日起10天内补正，逾期不补正的，其申请无效。不予以受理的，向申请人书面说明理由，告知权利。

初审。受理后，在5个工作日内将送审材料分送有关专家、部门初审。经初审，不符合审批条件的，不予批准，并书面通知申请人。符合审批条件的，对审查方式和审查时间做出安排，并将结果通报给申请人及有关单位。

现场勘查。审查机关根据需要，可组织相关专家和管理部门代表对项目现场进行勘查，以增强论证评审的科学性。

论证报告的程序审查。主要对论证报告书的论证材料是否齐全、论证资质单位是否符合报告编制要求等内容进行审查。

论证报告的合规性。主要对建设项目的布局是否符合产业政策和水资源规划要求、新增取水量是否突破区域总量控制要求等内容进行审查。

取水水源。主要对项目提出的取水水源地是否能满足项目取水需要进行审查，审查时要充分考虑其他取水主体的取水权益。

取水合理性。对项目选取的生产工艺和关键用水设备是否符合区域节水要求、采取的节水措施是否有效等内容进行审查，并提出改进意见。

第三者权益补偿方案。对取水影响第三方利益的相关分析结论进行审查，主要审查其受损主体分析是否全面、补偿措施是否到位、受损主体是否同意相关方案。

退水对水环境影响及保护措施。根据退水水域水功能区管理的有关要求，审查其退水方式和废水水质是否符合相关要求，并分析其对水域生态的影响；审查报告提出的水环境保护措施能否将项目实施带来的环境影响控制在管理要求之内，并重点考虑其现实可操作性。

报告修改确认。报告编制单位根据专家组意见对论证报告进行修改。专家组长要签名确认论证报告已按规定要求进行修改完善。

完成审批。审批机关将按照修改后的论证报告，根据专家组提出的相关意见，完成论证报告书的审批工作。

9. 水资源统计管理制度及管理流程

各级水资源管理机构要按照水资源年报、公报的编制要求，按时按质开展水资源年报和水资源公报编制工作。水资源年报实施逐级上报，水资源公报在本行政区域范围内向社会发布。省、市两级水资源管理机构除了应当编制水资源年报、公报外，为了加强地下水和水功能区管理，还应当按月编制地下水通报（月报）、水功能区水质通报（月报），即时向本级人民政府领导和水利系统内部通报地下水动态和水功能区水质变化情况。水资源管理机构应当对管理对象的取用排水情况建立按月、季和年度统计制度，为水资源年报、公报编制提供基础资料。

各级水行政主管部门要按照"行为规范、运转协调、公平公正、清廉高效"的要求，进一步建立健全水资源管理制度框架下的其他各项工作制度，例如水资源管理工作会议、水污染事件报告与处置、计量设施抄表、水资源统计填报、档案管理以及办公用品管理等各项水资源管理工作制度。通过制度建设，明确水资源管理行政审批办事程序和工作流程，防止水资源管理工作的缺位、错位、越位等现象发生。

10. 水资源调度业务处理

水资源调配是为综合利用水资源，合理运用水资源工程和水体，在时间和空间上对可调度的水量进行分配，以实现受水区本地水源与客水的科学配置、适应相关地区各部门的需要，保持水源区和受水区的生态和经济可持续发展。可调水量是考虑水库以及湖泊等水源地现有蓄量、长期以来水预估、工程约束、发电和下游航运需求等基本条件，在一个调度周期能够输出的水量。

水资源调配包括水资源规划配置、年水资源调度计划制订、月水资源调度计划制订、旬水资源调度计划制订、实时调度以及应急调度等调度业务的在线处理，为水资源调度工作人员的日常业务工作提供包括文档接收（上级文档的接收和下级文档的接收）、文档发送（向上级的上报和向下级的下发）、用水计划受理、水调报表自动生成（水调日报、水调旬报、水调月报、水调年报）等功能，水资源调配的目的在于最优利用有限的水资源，为国民经济的可持续发展服务。水资源调配依据目前的水资源形势，采用专业技术为决策者提供多角度、可选择的水资源配置、调度方案，供决策参考。

水资源调配首先要对当前水资源进行评价，包括水资源数量评价、质量评价、开发利用评价及可利用量评价等，进而对未来的需水量、可供水量进行预测。在此基础之上进行水量供需平衡分析和水资源优化配置，并利用优化目标规划模型等专业技术进行科学调度，制订出各种条件下水资源的合理配置、调度方案。

根据水资源分配规定制订的水资源配置和调度方案，按照水资源总量控制和定额管理的原则，可以对流域或区域的水资源调度过程进行监控。

11. 水资源规划管理

水资源规划的基本任务是根据国家建设方针、规划目标和有关部门对水利的要求，以及社会、经济发展状况和自然条件，提出一定时期内配置、节约、保护水资源和防治水害的方针、任务、对策、主要措施、实施建议和管理意见，作为指导工程设计、安排建设计划和进行各项水事活动的基本依据。其主要包括综合规划、区域规划、城市规划、专项规划等。

12. 水资源信息统计管理

水资源信息统计与发布包括对水资源公报、水资源简报、水功能区水资源质量通报、水资源管理年报、水务管理年报、地下水通报、水质旬报和节水通报等的管理和发布。

各级水行政主管部门和流域机构建立水资源管理统计制度，每年各省要在 6 月底以前向水利部报送上一年度本地区水资源管理年报表，并抄送至流域机构。水资源管理年报工作的目的是了解本地区的来水和用水状况、用水结构，为制订本地区下一年度取水计划、实现计划用水管理和节约用水提供准确的数据依据，同时也可为制订中长期供求计划的用水趋势提供依据。水行政主管部门要对辖区内水资源统计资料的可靠性、合理性进行全面审核和系统分析，确保水资源管理年报数据的准确性。

水资源公报工作的目的是按年度向各级领导、有关部门和全社会公告全国各地的来水、用水、水质的动态状况，反映了国内重要水事活动，水供需矛盾及有关水资源的最新科研成果，增强了全民的节水、惜水意识，为管好、用好、保护好水资源创造必要的条件。编发水资源公报是各级水行政主管部门的一项重要的经常性工作。

其他的水资源信息统计还包括水资源简报、水功能区水资源质量通报、水务管理年报、地下水通报、水质旬报、节水通报等。水资源信息统计是一个由多级水行政主管部门共同完成的工作，下级水行政主管部门要把本行政区的水资源统计资料核实以后上报给上级水行政主管部门，再由上级水行政主管部门对所辖区内的统计资料进行汇总，并再次上报。

通过文字、图、表等直观方式发布水资源公报，对已发布的水资源年报、公报、地下水通报、水质旬报进行分类管理，以便于查询和检索。

二、水资源保护的标准化流程建设

水资源保护工作也是水资源规范化管理的重要组成部分，并且水资源保护工作又与水环境保护工作密不可分，某种程度上，也存在相互交叉。《水法》是以功能区管理制度为核心进行水资源保护制度设计的。

从工作制度看，水资源保护工作更多是从宏观层面提出限排要求，同时开展水功能区水质监测，以保障水资源的可持续利用，而微观层面的污染源监管职责则由环境保护主管部门承担。各级水资源管理部门要深入研究最严格水资源管理制度关于水生态环境保护的要求，并将相关职能之外的工作任务分解至环保部门，同时，也要积极开展相关基础工作，打造保护载体，凸显水资源保护工作的特色。

水行政主管部门进行水资源保护所需要开展的主要工作及管理流程如下。

1. 排污口审核管理制度及工作流程

入河排污口管理是与水功能区管理工作紧密联系的，是实现水功能区保护目标的重要制度保障。入河排污口管理的目的是进一步规范排污口的设置，使其要符合水功能区划、水资源保护规划、涉河建设项目管理和防洪规划的要求。具体工作内容如下：

（1）排污口调查登记：对现有入河排污口进行调查登记工作，摸清全省现有入河排污口的分布、排污规模、污染物构成等基础信息。

（2）制定排污口整治目标：根据水功能区管理的目标要求，限制排污总量的要求，制定各功能区、各行政区域、各流域的排污口综合整治目标。

（3）排污口整治工程：为了完成排污口整治目标，制定规划，提出所需上马的排污口整治工程，对有关排污口进行截污纳管，并建设相应的管道和污水处理设施。

（4）新增排污口审批管理：根据功能区限制排污管理办法的要求，在新增排污口必要性和合理性审查的基础上，把新增排污口纳入审批管理。主要审查新增排污是否符合功能区限制排污要求、排污规模是否合理、排污入河是否必要、排污是否影响工程安全和防洪安全、排污是否影响第三方利益等。

（5）排污口基础信息管理：对排污口调查登记获得的基础信息进行管理，同时根据排污口整治和新增排污口审批情况，对排污口基础信息进行动态更新。

（6）排污口整治工程进度管理：对排污口整治工程的实施进度进行动态管理，并将有关信息及时反馈给相关管理部门，以利于排污口管理目标的顺利实现。

各级水行政主管部门应完成限制排污总量年度分解，并全面加强以水功能区为单元的监督管理，开展入河排污口季度调查工作，为入河排污口的年报、公报建立基础数据支撑，组织河流入河排污口布设规划编制工作，为功能区管理提供依据。对新增、改扩建的排污口流程建立严格的审核管理流程，规范相关行为。

2. 水功能区生态保护与监测制度及管理流程

水功能区管理的工作内容包括水功能区基本信息管理、水功能区纳污能力核定、限制排污总量管理、水功能区水质监测以及水功能区达标率考核管理等内容，是一个相互支撑、相互联系的整体。

（1）水功能区基本信息管理：对水功能区的类型、所处区域（流域）、地理位置和编号等水功能区基础信息进行全面的管理，根据实际的变化进行动态修正。

（2）水功能区纳污能力核定：根据相应的技术规程，结合水功能区净化能力的实际情况，委托专业技术机构对全省各个水功能区的纳污能力进行核定，为水功能区的管理奠定坚实的基础。

（3）限制排污总量管理：对各功能区的现状排污情况进行全面调查，并结合水功能区纳污能力核定结果，提出相应的限制排污总量技术报告。以技术报告为基础，结合现实情况，通过行政协调与决策提出全省限制排污总量控制方案，同时制定相应的限制排污总量管理办法，使现状已突破纳污能力的水功能区排污总量逐步得到削减，使现状尚未达到纳污能力的水功能区新增排污量控制在确定的范围内。

（4）水功能区水质监测：为了及时掌握水功能区的水质情况，充分发挥水域作用，要制定水功能区水质站网布设的技术要求和规定；在国家规定监测指标的基础上，结合水功能区水质实际情况增加部分监测指标，定期开展监测。监测结果作为排污口审批、水功能区管理考核的重要技术依据。

（5）水功能区达标率的考核管理：根据水功能区水质现状，结合限制排污总量管理办法，制定水功能区达标率考核管理的办法和标准，并依据水功能区水质监测结果，对各市县的水功能区达标率进行年度考核。

水功能区的水生态保护是水环境保护发展的必然趋势。因此，建立水功能区生态保护与监测制度，加强水功能区的水生态监测、保护水功能区水质环境，也是水利部门践行生态文明的具体举措之一，更是最严格的水资源管理制度的组成部分。水功能区生态保护与监测制度应包含：各级水行政主管部门要编制年度水生态系统保护与修复规划，并将任务分级，逐级下达。此外对重要的河流、水域要开展水生态监测工作，编制年度水功能区水质监测计划，并提出完成率指标，为水生态保护工作打好基础。

3. 水生态系统保护与修复管理

水生态系统保护与修复管理包括：水生态系统基本信息管理；水生态保护与修复动态信息管理；保护与修复工程信息管理；保护与修复评估以及体系建设管理等。

（1）水生态系统基本信息管理：水域及滨岸带的水生动物、浮游生物、沉水植物、鸟类和植被的名录及其种群构成情况，水生态系统的生境分布情况、水生态系统的胁迫因子及其来源等。

（2）水生态保护与修复动态信息管理：对已启动和规划启动的水生态保护与修复工作进行动态信息管理，及时掌握相关工作的开展进度，为相关政策的制定奠定基础。

（3）保护与修复工程信息管理：对保护与修复工作的实时进度和完成情况进行管理，以保障相关工程如期完成。对已建成保护与修复工程的运行情况和长效管理情况进行管理，指导地方开展工作，及时总结地方工程建设运行经验。

（4）保护与修复评估以及体系建设管理：选取水生态系统的指示物种等关键性指标，对其进行长期动态监测，并以此为基础对保护与修复工作进行全面评估，以利于保护工作的持续改进。与此同时，要加强水生态评估与监测体系的建设，加大对基层的培训力度，将行之有效的监测与评估手段进行推广。

4. 水资源应急管理

水资源应急管理是突发灾害事件时的水资源管理工作，综合利用水资源信息采集与传输的应急机制、数据存储的备份机制和监控中心的安全机制，针对不同类型突发事件提出与之相对应的应急响应方案和处置措施，最大限度地保证供水安全。突发灾害事件包括重大水污染事件、重大工程事件、重大自然灾害（如雨雪冰冻、地震海啸、台风等）以及重大人为灾害事件等。

（1）应急信息服务：对各种紧急状况应急监测的信息进行接收处理、实况综合监视与预警、统计分析等，以积极应对各种突发状况和事故。

（2）应急预案管理：按照处理的出险类型，例如运行险情、工程安全险情、水质突发污染事故，以及特殊供水需求时的应急调度等类型分门别类。对应急的发生、告警、方案制订、执行监督和实际效果等全过程进行档案管理，提供操作简单的应急预案调用等功能。

（3）应急调度：根据事实采集信息，判断事件类别，参考应急预案，提出应急响应参考方案，选定应急响应方案，将应急响应方案作为调度的边界条件，生成调度方案。应急调度包括运行险情应急调度方案编制、工程安全应急调度方案编制、水质应急调度方案编制和特殊需水要求下的应急调度方案编制等功能。

（4）应急会商：通过会议形式，以群体（包括会商决策人员、决策辅助人员以及其他相关人员）会商的方式，从所做出的应急方案中，协调各方甚至牺牲局部保护整体利益，进行群体决策，选出满意的应急响应方案并付诸实施。

第五节　管理流程的关键节点规范化及支撑技术

水资源管理的关键管理流程节点是指水资源规范化管理过程中的关键环节和控制点。其中，水资源管理主要围绕取用水的管理（包括设项目水资源论证、取水许可管理、取水定额管理等内容）开展，水资源保护方面主要围绕入河排污总量控制开展，并且通过水功能区水质监测来保障水资源的可持续利用。对于这些关键管理流程的问题分析和支撑技术框架设计阐述如下。

一、关键节点管理过程中存在的不足分析

以下对水资源管理环节中的核心工作流程，包括取水许可审批管理、取水总量监控、建设项目水资源论证管理、如何排污管理、水功能区水质监测等在实际开展实施过程中存在的管理问题和支撑手段的不足进行分析，这些核心工作流程中的支撑技术也可推广应用到其他管理工作流程中。

1. 取水许可审批管理中存在的问题

取水许可制度是我国水资源管理的基本制度，水资源属于国家所有，凡是直接从江河、湖泊或者地下取水的单位和个人，都应当按照规定申请领取取水许可证，并向国家缴纳水资源费。取水许可和征收水资源费，是国家作为公共管理者和资源所有人，

对有限自然资源开发利用进行调节的一种行政管理措施。目前我国水资源管理过程中主要存在以下问题：（1）取水许可审批管理信息化程度不高，绝大多数省份取水许可审批管理技术手段依旧薄弱，取水许可审批管理信息化程度不高，取水信息的采集主要还是依靠人工录入，导致取水信息采集的时效性和精确性差；（2）取水许可审批后的验收和管理工作不到位，部分地区取水许可审批管理还存在"重论证、轻验收"和"重发证、轻管理"的现象，在对用水户进行取水许可审批管理之后，对取水许可验收环节不够重视。在集中年审后，缺乏对取水户的跟踪监督检查，并且对用水计划的监督管理不够，取水许可监督管理未做到经常化和规范化。

2. 取水总量监控管理中存在的问题

虽然我国针对万元 GDP 取水量提出了目标要求，但是为了保证经济的增长，一直以来我国水资源用水总量控制与定额管理缺乏有效的协调保障体系。进入 21 世纪以来，由于水资源的总量保持总体稳定，这与社会用水总量日益增长的矛盾也日趋凸显，对工业取水总量的控制显得尤为迫切。水利部根据《水法》制定了最严格的水资源管理制度，严格实行用水总量控制，强化取用水管理。水资源管理总量控制是把水资源的使用权控制在一定额度加以严格控制的指标体系，总量控制的目的是使资源的承载能力和环境的承载能力能够支撑经济社会可持续发展。取水总量控制过程中主要存在以下问题：对用水户取水量数据采集技术力量薄弱，由于绝大多数省份尚未建立起完整的取水许可管理数据库、取水信息传输系统和取水信息网络系统、取水信息的采集主要还是依靠人工录入，取水信息采集的时效性和精确性差，这导致各级水行政主管部门对取水单位信息、取水总量监控未能完全掌握，实施将取水总量控制指标细化到用水户一级时具有较大的难度。

3. 项目水资源论证管理中存在的问题

建设项目水资源论证管理中存在的问题主要有：建设项目水资源论证对建设项目的类型、规模考虑略显不足，需要进一步结合区域水资源条件与经济发展要求，突出水资源论证工作重点。此外，目前我国绝大多数建设项目的水资源论证对已建、在建及拟建项目的综合影响较少统筹考虑，需要进一步加强统筹考虑建设项目取水、用水以及退水影响的分析。避免出现重视取水而忽视退水，重视用水而忽视节水，重视区域配置而忽视流域配置，重视经济用水而忽视生态用水等现象。

4. 入河排污管理中存在的问题

例如，我国大多数省份排污口设置缺乏统一规划，在饮用水水源区内仍设入河排污口的省份为数不少，另外也缺乏配套管理技术与设备，给实际工作带来了困难。主要问题有：（1）入河排污口的设置缺乏统一规划。企业入河排污口设置非常混乱和随意，冲沟、明渠、涵洞、暗沟和管道等入河排污口类型繁杂，一厂一口、一厂多口、暗管潜埋等现象很普遍，有的企业入河排污口繁多，给监测和管理工作增加了难度，并且在我国大部分省份的部分饮用水水源区内仍设有一定数量的排污口，严重威胁了饮水安全。（2）监测频次少，难以全面反映入河排污量季节变化。由于缺乏必要的管理办法与技术设备保障，入河排污口监测频次较低，有的地方仅调查时监测1~2次，很难全面反映季节性生产企业排污状况和城镇季节性排污的特点。（3）入河排污口的废污水处理比例偏低，尽管污染源的治理力度在加大，但工业企业超标排放或直排入河的情况并未得到完全控制。由于集污管网建设尚有一个过程，目前在规模较小的工业园区和乡镇范围直排入河的企业单位相对集中。企业类别以电子电器、金属、轻纺、食品和化工为主。大多省份超标排放的排污口仍较多，入河排污口的废污水处理比例偏低。

5.水功能区水质监测管理中存在的问题

水质监测是为国家合理开发利用和保护水资源提供系统的水质资料的一项重要基础工作。《水法》规定，水行政主管部门必须按照国家资源与环境保护的有关法律法规和标准，拟定水资源保护规划；组织水功能区的划分和向饮水区等水域排污的控制；监测江河湖库的水量、水质，审定水域纳污能力；现在的水资源公报、水质月报、水质年报所用的就是这些资料，以及设备、人员、监测环境等都是基于这样的工作配备的。水质资料为水资源的可持续利用提供了必要的依据。但各地在具体实施水质监测时受技术和设备的约束，还存在一些不足，主要有以下几点：（1）监测断面偏少，监测手段单一，多数地方未建立水功能区监测断面，不能对水功能区的水质状况做出客观评价。此外，由于缺乏实时监测和应急监测的装备手段，不具备现场分析和跟踪监测调查等快速反应能力，在一些突发性水质污染事件面前，更显得力不从心。水质信息采集、传输、处理的手段比较落后，从现场取样，实验室分析到数据处理多沿用人工作业，耗费时间长，不能够及时地从中发现问题。水质监测实验室尚未建立计算机自动管理系统，监测管理缺乏先进技术的支撑，信息化水平低。（2）监测条件落后，缺乏质量统一监测信息，开展水质监测需要建立水质分析化验室对水质站提取的水质进行分析化验。每个实验室都需要大量的监测仪器，而且需要配备专业的采送样车辆。针对上述要求，大多数省份普遍存在实验室建设标准低、面积不足、结构布局不合理、供水供电通风故障多的现象，仪器设备的配备与所承担任务极不相称，仪器设备老化严重，不同程度存在因性能不稳定等原因而无法正常使用等问题。

二、关键管理节点支撑技术框架及内容

通过对上述问题分析，我们可以发现目前在水资源关键管理节点的监管技术上存在一系列问题，包括信息化程度低、监管技术手段薄弱、设备与条件都较为落后。由

于缺乏必要的设备与技术支持导致监控手段略显单一，监管频率也较低，另外由于监管设备、技术与规范等的不对称可能导致采集到的信息也不对称，大大降低工作效率。因此，对于这些关键的管理流程节点中使用的监管技术有必要建立一个技术标准，对这些关键的管理节点进行规范化指导，从而提高工作效率和工作精度，达到事半功倍的效果。

以水资源取、用排管理作为整体考虑，针对取水许可、建设项目论证、用水总量控制、入河排污管理、水功能区水质监测等水资源管理的关键流程中监管技术所使用到的设施、装备、工具及信息系统等技术建立起标准化的支撑技术框架。

在水资源保护管理方面，对于排污口要安装计量设施，对企业的排放总量进行监控，对于排放的水需通过安装自动化的水质监控设备判断水质经过处理后才能允许排放。通过开展水源地的绿色评价，对水源地的生态环境提出统一的要求，并通过生态监测进行水功能区水质的定期检测，通过安装实施自动水质监测设施对水质安全建立预警制度，树立起水质监测点，安装警示牌。

三、水资源管理信息系统

采用信息化手段是进行水资源一体化管理的重要前提，水资源业务管理服务于供水管理、用水管理、水资源保护、水资源统计管理等各项日常业务处理，主要包括：水源地管理、地下水管理、水资源论证管理、取水许可管理、水资源费征收使用管理、计划用水和节约用水管理、水功能区管理、入河排污口管理、水生态系统保护与修复管理、水资源规划管理、水资源信息统计等业务内容。实现以上业务处理过程的电子化、网络化，使之具有快速汇总、准确统计、科学分析、便捷查询、及时上报和美观打印等功能，可以有效提高业务人员工作效率，构建协同工作的环境，逐步实现水资源的一体化管理。

四、条码技术应用于取水管理

将每个取水用户的取水许可证与该用户的取水信息进行绑定，把条形码管理手段在物品管理中的应用办法用于取水许可证的管理。每个取水许可证与唯一的二维条形码相对应，条形码可连接数据库信息，通过扫描取水许可证条形码，可获得该取水许可证所对应的取水用户信息、取水许可证号、取水许可证状态、取水许可证有效期、年取水量信息、取水量历史信息、取水口信息以及排污口信息等。

对于取水口、排污口和取水许可证可通过二维条码进行编码，并将编码信息，打印在取水许可证上，并设置在取水口和排污口附近。在实际监督检测中对企业是否合法取水、许可取水与实际是否一致，排污是否许可等行为进行监督检查时可以通过CCD条码阅读器直接对二维条码进行扫描，通过移动网络获取数据库数据进行比对，提高监管效率和准确性。

二维条码是用某种特定的几何图形按一定规律在平面（二维方向）上分布的黑白相间的图形记录数据符号信息的。

二维条码在代码编制上巧妙地利用构成计算机内部逻辑基础的"0""1"比特流的概念，使用若干个与二进制相对应的几何形体来表示文字数值信息，通过图像输入设备或光电扫描设备自动识读以实现信息自动处理，它具有条码技术的一些共性：每种码制有其特定的字符集，每个字符占有一定的宽度，具有一定的校验功能等。

以取水许可证编码为例说明二维条码的应用过程，再通过企业取水许可审核之后，在颁发的取水许可证上打印二维条码，二维条码中标注了取水户所属行业、用水性质、取用水量、取水口位置、节约用水情况、法人登记资料和产品、产量、取水口基本信息、取水水量及水质。在对企业进行年度取水资格审核时，就可以通过随身携带的CCD条码阅读器直接读取取水许可证上的信息与实际发生的取水内容比对是否相符合，并可以通过移动网络与水资源基础数据库进行信息的比对，防止作假、过期、篡改、套用等情况的发生，从而提高工作效率与审核结果的准确性。

五、水质水量信息自动采集系统

在水资源管理中对企业取、排水的日常监督管理通常是通过对企业的取水口和排污口进行定期检测实现，其中取水量和排污量是通过安装计量设施（流量计）来分析统计，排污口的水质分析是通过定期对排污口水质进行检测来分析企业排出的污水是否经过处理并达到一定的标准。

但目前存在的主要问题有：取排水计量设施安装率低、计量设施质量不过关并且老化现象严重，采集数据非实时，由此造成了基础数据的不准确，这也导致了计量管理制度不完善、计量管理工作不到位的现象。水质检测频率较低、企业偷排污水现象时有发生，对周边群众的生产生活造成了较大的影响，从而导致周边群众与企业关系紧张，上访事件时有发生，甚至屡见于新闻媒体。因此有必要采用新的技术对此项工作进行创新性的变革，这里可以采用通信、计算机信息系统、采集器和分析器来组建一个水质分析及信息采集传输系统，从而对取水量、排污量、排污口水质进行动态的实时检测，第一时间掌握其企业的取排水行为。

六、水源地绿色评估技术

饮用水质量是公众健康的基本保障，高质量的饮用水是健康生活的重要基础。伴随着时代的发展和社会的进步，公众的环境意识、生态意识、健康意识也不断增强，生态、绿色观念已为广大公众所接受，广大公众对水源地水质的要求也不断提高。因此，保障水源地水质安全、进一步提高饮用水质量，是进一步促进我国社会经济快速发展的前提与基本要求。

为此，需要通过推行水源地绿色评估技术来加强供水水源地管理。绿色水源地是指遵循可持续发展原则，对水源地从集雨区到库区、从水质评价到生态系统健康开展全面评价，在自然环境、生态系统以及人类活动三个方面确保水源地原水的安全、健康、优质，并经水行政主管部门认定后的水源地。

七、水功能区生态监测及安全预警

上述水源地绿色评估技术从水源的可获得性以及可供应量、水源的生产过程以及人类活动的影响、生态系统健康及其可持续性三方面展开评价，主要目的是规划和引导对水源地的保护。水生态相对来说比水源地的概念小，并且关注的是水体本身。水生态相关的问题包括水污染及面积减少、湿地退化、河道断流、水污染加剧以及地下水位持续下降等。对水生态进行监测是指为了了解、分析、评价水循环系统中的生态状况而进行的监测工作，它是水生态保护和修复的基础和前期工作。

第六节　基础保证体系的规范化建设

水资源管理的基础保障体系主要包括经费保障、装备保障、设施保障和信息化保障四个方面。

一、经费保障

如今，我国各地水资源管理机构的办公条件普遍比较简陋，基础设施薄弱，加大资金投入是加强水资源管理部门设施建设的关键。各级水行政主管部门应当拓宽水资源管理工作经费渠道，落实水资源配置、节约、保护和管理等各项水资源管理工作专项工作经费，建立较完善的水资源工作经费保障制度，保障各项水资源管理工作顺利开展。水资源管理工作经费可以参照国土资源所工作经费保障方法，即以县为主，分级负担，省市补贴。省厅可积极争取省级财政的支持，扶持补贴的重点放在经济条件欠发达的地区。基础设施建设经费的筹措，以每个水资源管理机构10万元为基数，省、市、县三级按照3：3：4的比例来分担解决。各地要积极协调市、县级财政从水资源收益中安排一定比例的资金，用于水资源管理机构基础设施建设。通过各级水行政主管部门的共同努力，力争使水资源管理机构硬件设施实现有办公场所，有交通和通信工具，改善办公条件，优化工作环境。有条件的地方可以加大社会融资力度。也可参照农业行政规范化建设工作经费保障方法，即省厅每年安排相应的经费，并采取省厅补一点，地方财政拿一点和市、县水行政主管部门自筹一点的办法，分期分批有重点地扶持配备相应的水资源管理设施，改善办公条件，提高管理能力。或者可参照生态环境部环保机构和队伍规范化建设的方法，在定编、定员的基础上，各级水资源管理机构的人员经费（包括基本工资、补助工资、职工福利费、住房公积金和社会保障费等）和专项经费，要全额纳入各级财政的年度经费预算。各级财政结合本地区的实际情况，对水资源管理机构正常运转所需经费予以必要保障。水资源管理机构编制内人员经费开支标准按当地人事、财政部门有关规定执行。各级财政部门对水资源管理机构开展的水资源的配置、节约、保护所需公用经费给予重点保障。

二、装备保障

完善水资源管理机构的办公设施，根据基层水资源管理机构的工作性质和职责，改善办公条件，加强自身监督管理能力建设。各水资源管理机构要尽快配齐交通工具、通信工具和电脑网络等设备，实现现代化办公，切实提高工作效率。各级水资源管理机构、节约用水办公室和水资源管理事业单位应根据至少10平方米/人的标准设置办公场所，并配备相应的专用档案资料室，为改善工作环境以及办公场所应配置空调；应结合当地的经济状况和管理范围、人员规模、工作任务情况，根据实际工作需求，配置工作（交通）车辆，在配备工作、生产（交通）车辆的同时，须制定相关的车辆使用、维护保养规章制度，使车辆发挥出最大工作效益；应配备必要的现代办公设备，主要包括微型计算机、打印机、投影仪、扫描仪等；应配备传真机、数码相机等记录设备；应根据相关专业要求配置GPS定位仪、便携式流量仪、水质分析仪、勘测箱等专用测试仪器、设备，选用仪器应满足精度和可靠度的要求。

三、设施保障

建设与水资源信息化管理相配套的主要水域重点闸站水位、流量、取水大户取水量、重点入河排污口污水排放量、水质监测等数据自动采集和传输设施，配备信息化管理网络平台建设所需要的相关设备。根据水功能区和地下水管理需要，在水文部门设立水文站网的基础上，增设必备的地下水水位、水质、水功能区和入河排污口水质站网。有条件地区，水资源管理机构应当设立化验室，对水功能区和入河排污口进行定时取样化验，以提高水资源保护监控力度。

四、信息化保障

伴随着经济发展与科学技术的进步，势必要加强水资源管理工作中的信息管理建设并采用先进的信息技术手段。信息化已经深刻改变着人类生存、生活、生产的方式。信息化正在成为当今世界发展的最新潮流。水资源信息化是实现水资源开发和管理现代化的重要途径，而实现信息化的关键途径则是数字化，即实现水资源数字化管理。水资源数字化管理就是如何利用现代信息技术管理水资源、提高水资源管理的效率。数字河流湖泊、工程仿真模拟、遥感监测、决策支持系统等是水资源数字化管理的重要内容。为了有效提高水资源管理机构利用信息化水平，强化社会管理与公共服务，必须具备必需的信息化基础设施，包括相应的网络环境与硬件设备保障。

结 语

　　水利建设事业离不开水文水资源的研究，水文水资源监测数据是水利基础建设工程的重要依据。随着我国社会经济的发展，近些年来，水文水资源的相关建设和研究取得了史无前例的进步，无论是基础理论研究还是实用技术推广都取得了巨大成果，但同时也应该看到，我国水资源环境复杂，水文研究投入经费有限，在相当长的时间里，水文研究和建设还不能与社会发展相适应。实践证明，科技是第一生产力，要做好水文水资源工作，离不开科学技术。水利建设离不开科技，抗洪抗旱离不开科技，水文水资源共享平台建设更是离不开科技，因此必须依靠科技的力量，才能解决水文水资源领域出现的各种各样的问题。

　　我国的水文水资源环境并不良好，水资源的利用率并没有达到预期的效果，工业废水的排放也没有得到良好的改善，但是相关部门仍在继续努力改善水资源的问题。对防洪减灾知识的宣传力度也正在大力提高，人们对防洪知识以及自救措施的掌握程度普遍提高。水文水资源管理工作的效率较之前得到明显的改善，防洪减灾相关知识的宣传也起到了一定的效果。在新的时期、面对新的情况，我国正在以全新的技术和态度迎难而上。

　　综上所述，水文水资源管理是一项利国利民的工作。在实际发展的过程中，既涉及水资源的合理利用问题，也涉及自然环境的保护问题。如果能够进行科学的管理，进一步提高技术水平，必然会提高水资源的利用率，也能够实现人与自然的和谐相处。工作人员需要从实际出发，在工作中不断总结不足，并且针对这些不足，采取有效措施，完善水资源勘测工作，健全水文工作管理机制，提高工作技能，确保经济建设与生态环境建设的协调、均衡发展。

参考文献

[1] 潘奎生，丁长春.水资源保护与管理 [M].长春：吉林科学技术出版社 ,2019.

[2] 李泰儒.水资源保护与管理研究 [M].长春：吉林大学出版社 ,2019.

[3] 齐跃明，宁立波，刘丽红.水资源规划与管理 [M].徐州：中国矿业大学出版社 ,2017.

[4] 杨侃.水资源规划与管理 [M].南京：河海大学出版社 ,2017.

[5] 刘景才，赵晓光，李璇.水资源开发与水利工程建设 [M].长春：吉林科学技术出版社 ,2019.

[6] 胡四一，王浩.中国水资源 [M].郑州：黄河水利出版社 ,2016.

[7] 王建群，任黎，徐斌.水资源系统分析理论与应用 [M].南京：河海大学出版社 ,2018.

[8] 傅晓华，傅泽鼎.流域水资源行政交接治理机制及实践 [M].长沙：湖南科学技术出版社 ,2021.

[9] 王建群，谭忠成，陆宝宏.水资源系统优化方法 [M].南京:河海大学出版社 ,2018.

[10] 左其亭，王树谦，马龙.水资源利用与管理（第 2 版)[M].郑州：黄河水利出版社 ,2016.

[11] 侯景伟，孙九林.水资源空间优化配置 [M].银川：宁夏人民出版社 ,2016.

[12] 李晓宇，牛茂苍，胡翱，等.内陆行政区水资源配置案例研究 [M].郑州：黄河水利出版社 ,2019.

[13] 于荣.跨界水资源冲突系统建模及协调策略 [M].南京：河海大学出版社 ,2019.

[14](美)乔纳森·劳策.水资源管理关键概念:综述及批判性评估 [M].朱乾德，译.南京：河海大学出版社 ,2019.

[15] 张修宇，陶洁.水资源承载力计算模型及应用 [M].武汉：湖北科学技术出版社 ,2021.

[16] 邵红艳，韩桂芳.水资源公共管理宣传读本 [M].杭州：浙江工商大学出版社 ,2017.

[17] 张占贵，李春光，王磊.水文与水资源基本理论与方法 [M].沈阳：辽宁大学出版社 ,2020.

[18] 赵焱，王明昊，李皓冰，等.水资源复杂系统协同发展研究 [M].郑州：黄河水利出版社,2017.

[19] 侯新，张军红.水资源涵养与水生态修复技术 [M].天津:天津大学出版社,2016.

[20] 石福孙.山区农业和水资源：大数据建设与智慧管理 [M].成都：四川大学出版社,2018.

[21] 张维江.干旱地区水资源及其开发利用评价 [M].郑州：黄河水利出版社,2018.

[22](澳）克劳迪娅·鲍德温，马克·汉姆斯特德.水资源综合规划实现可持续发展 [M].张秀菊，罗柏明，译.南京：河海大学出版社,2018.

[23] 张爱军.水资源开发与利用初探 [M].徐州：中国矿业大学出版社,2015.

[24] 郑德凤，孙才志.水资源与水环境风险评价方法及其应用 [M].北京：中国建材工业出版社,2017.

[25] 田守岗，范明元.水资源与水生态 [M].郑州：黄河水利出版社,2013.

[26] 耿雷华，黄昌硕，卞锦宇，等.水资源承载力动态预测与调控技术及其应用研究 [M].南京：河海大学出版社,2020.

[27] 杨波.水环境水资源保护及水污染治理技术研究 [M].北京：中国大地出版社,2019.

[28] 王双银，宋孝玉.水资源评价（第 2 版)[M].郑州：黄河水利出版社,2014.

[29] 王腊春，史运良，曾春芬，等.水资源学 [M].南京：东南大学出版社,2014.

[30] 刘贤娟，梁文彪.水文与水资源利用 [M].郑州：黄河水利出版社,2014.

[31] 范纯.水资源安全 [M].北京：国际文化出版公司,2017.

[32] 周海霞.话说地球水资源 [M].长春：吉林出版集团有限责任公司,2014.

[33] 张立中.水资源管理（第 3 版)[M].北京：中央广播电视大学出版社,2014.

[34] 侯晓虹，张聪璐.水资源利用与水环境保护工程 [M].北京：中国建材工业出版社,2015.